U0170013

国家出版基金项目
NATIONAL PUBLICATION FOUNDATION

"十三五"国家重点出版物出版规划项目

光电子科学与技术前沿丛书

有机光功能材料与激光器件

姚建年　付红兵　廖　清　赵永生　张　闯／著

科学出版社
北京

内 容 简 介

有机光功能材料与器件在信息、工业、国防、医疗等各个行业都有重要的应用,是未来光子发展以及国际高技术竞争的重要阵地。本书重点介绍了有机光功能材料及其在激光器件方面的应用,从光功能材料的发光机理、激发态过程及激光基础理论出发,讨论有机微纳激光发展现状和未来的激光显示应用。

本书可供高等学校材料、化学、物理和信息等相关专业的本科生、研究生以及相关领域的科研或生产工作者参考。

图书在版编目(CIP)数据

有机光功能材料与激光器件/姚建年等著. —北京:科学出版社,2020.11
(光电子科学与技术前沿丛书)

"十三五"国家重点出版物出版规划项目　国家出版基金项目

ISBN 978-7-03-066391-7

Ⅰ.①有… Ⅱ.①姚… Ⅲ.①有机材料-发光材料-功能材料 ②激光器件　Ⅳ.①TB34 ②TN365

中国版本图书馆 CIP 数据核字(2020)第 199659 号

责任编辑:张淑晓　杨新改/责任校对:杜子昂
责任印制:肖　兴/封面设计:黄华斌

科 学 出 版 社 出版
北京东黄城根北街 16 号
邮政编码:100717
http://www.sciencep.com
北京通州皇家印刷厂 印刷
科学出版社发行　各地新华书店经销
*
2020 年 11 月第 一 版　开本:720×1000　1/16
2020 年 11 月第一次印刷　印张:11 3/4　插页:4
字数:255 000
定价:118.00 元
(如有印装质量问题,我社负责调换)

"光电子科学与技术前沿丛书"编委会

丛书序

　　光电子科学与技术涉及化学、物理、材料科学、信息科学、生命科学和工程技术等多学科的交叉与融合，涉及半导体材料在光电子领域的应用，是能源、通信、健康、环境等领域现代技术的基础。光电子科学与技术对传统产业的技术改造、新兴产业的发展、产业结构的调整优化，以及对我国加快创新型国家建设和建成科技强国将起到巨大的促进作用。

　　中国经过几十年的发展，光电子科学与技术水平有了很大程度的提高，半导体光电子材料、光电子器件和各种相关应用已发展到一定高度，逐步在若干方面赶上了世界水平，并在一些领域实现了超越。系统而全面地整理光电子科学与技术各前沿方向的科学理论、最新研究进展、存在问题和前景，将为科研人员以及刚进入该领域的学生提供多学科、实用、前沿、系统化的知识，将启迪青年学者与学子的思维，推动和引领这一科学技术领域的发展。为此，我们适时成立了"光电子科学与技术前沿丛书"专家委员会，在丛书专家委员会和科学出版社的组织下，邀请国内光电子科学与技术领域杰出的科学家，将各自相关领域的基础理论和最新科研成果进行总结梳理并出版。

　　"光电子科学与技术前沿丛书"以高质量、科学性、系统性、前瞻性和实用性为目标，内容既包括光电转换导论、有机自旋光电子学、有机光电材料理论等基础科学理论，也涵盖了太阳电池材料、有机光电材料、硅基光电材料、微纳光子材料、非线性光学材料和导电聚合物等先进的光电功能材料，以及有机/聚合物光电子器件和集成光电子器件等光电子器件，还包括光电子激光技术、飞秒光谱技术、太赫兹技术、半导体激光技术、印刷显示技术和荧光传感技术等先进的光电子技术及其应用，将涵盖光电子科学与技术的重要领域。希望业内同行和读者不吝赐教，帮助我们共同打造这套丛书。

在丛书编委会和科学出版社的共同努力下，"光电子科学与技术前沿丛书"获得 2018 年度国家出版基金支持，并入选了"十三五"国家重点出版物出版规划项目。

我们期待能为广大读者提供一套高质量、高水平的光电子科学与技术前沿著作，希望丛书的出版为助力光电子科学与技术研究的深入，促进学科理论体系的建设，激发创新思想，推动我国光电子科学与技术产业的发展，做出一定的贡献。

最后，感谢为丛书付出辛勤劳动的各位作者和出版社的同仁们！

"光电子科学与技术前沿丛书"编委会

2018 年 8 月

前　言

　　在 20 世纪人类科技进步史上，激光是与原子能、计算机、半导体并驾齐驱的四项重大发明之一，也被认为是影响全球未来发展的 18 项重大关键技术之一。随着科技的进步，激光技术也在向微型化、多功能化、集成化快速发展。尤其是近年来，激光全色显示技术因其具有色域广（对人眼识别颜色 90%以上的覆盖）、色饱和度高、亮度高、极限高清、真三维(3D)等颠覆性的优势，受到业界的广泛关注。与传统的无机半导体材料相比，有机光功能材料具有结构可设计、性能可剪裁、受激辐射截面大、激发态过程丰富、可溶液加工等优点，易于实现激光发射波长的连续可调谐，为大面积、柔性可穿戴激光显示提供了全新的解决方案。然而，有机电泵浦微纳激光是整个有机激光显示的核心，是研究人员长久以来追求的目标，被认为是有机光电子学研究领域发展的瓶颈和挑战性科学问题之一。近年来，有机微纳激光材料及其器件取得了突破性进展，在光泵浦和电泵浦激光器件、大面积激光显示器件中的应用不断推陈出新。

　　十余年来，作者在有机激光材料的分子设计与合成、微纳激光器件中的应用等方面开展了大量的研究工作，取得了有重要影响的研究成果。本书基于作者研究专长、研究成果及研究经验和心得体会，综合近期该领域的研究进展，整理撰写而成。本书从光功能材料的发光机理、激发态过程及激光理论基础出发，讨论有机激光的理论、发展现状及未来实现激光显示的途径，共分为 7 章。前两章主要介绍有机光功能材料和激光的基础知识，后五章阐述有机分子自组装微纳结构中光学谐振腔效应、外场调控手段、有机激光材料、显示材料等主要进展。在相互联系之中论述有机微纳材料和微纳激光的所有分支学科，从有机光子学应用角度描述有机光子学材料发光和激光的物理化学过程和现象。第 1 章介绍光功能材料的基本知识，第 2 章是激光的简介和一些基本概念，第 3 章介绍分子自组装微纳结构中的光学微腔效应与受激辐射过程，第 4 章介绍有机体系中辐射跃迁的外磁场调控作用与磁场增强光学增益，第 5 章介绍光学谐振腔的相关理论，第 6 章介绍有机微纳激光材料，第 7 章介绍有机激光材料在显示技术中的应用。

本书由中国科学院化学研究所姚建年主持撰写，参与撰写的有：首都师范大学付红兵、廖清(第 1、2、5、7 章)，中国科学院化学研究所赵永生(第 6 章)，中国科学院化学研究所张闯(第 3、4 章)。全书由姚建年制定撰写大纲、统稿、修改和定稿。需要说明的是，本书一些章节是经过反复凝练的，展开即可形成相应的独立专著。幸运的是，一系列有关有机光功能材料和激光的专著已经出版了。

本书相关研究工作得到了科学技术部、国家自然科学基金委员会、中国科学院等的资助，在此表示衷心的感谢，同时感谢合作者对本书相关研究工作的支持，感谢在本书撰写和编辑过程中提供帮助的所有人！

近年来有机光功能材料和激光器件发展迅速，在激光显示中的应用成果也不断涌现。尽管作者撰稿中已尽心竭力，但由于知识面和写作水平有限，书中难免存在不足和疏漏之处，敬请各位专家学者和广大读者谅解和指正。衷心希望本书的出版能够帮助广大科技工作者把握学科的发展动态，推进学科的交叉与融合，促进原始创新能力的提升，为我国科技事业的发展做出贡献。

作 者

2020 年 6 月

目 录

第 *1* 章

绪　　论

1.1　材料的重要性

在人类历史的长河中,材料始终在人类生产生活中扮演着不可或缺的角色, 它不仅是人类社会赖以生存的物质基础, 也是科学发展的技术先导。材料更是历史学家用来划分某一时代的重要标准, 从远古石器时代到青铜时代, 再到铁器时代, 直到当今的新材料时代。每一种重要材料的发现和应用, 都给人类社会的生产和生活水平带来飞跃式进步, 极大地推进了人类物质文明和精神文明的发展。如今, 科学技术发展如此迅速, 新材料更是各个高新产业发展的物质基础, 可以说没有新材料, 就没有现代科技。例如, 当代航天工业依赖耐高温、高比强的结构材料(structural materials), 计算机产业发展的基础是半导体材料(semiconductor materials), 信息产业依赖长距、低损耗光导纤维(optical fiber)材料, 下一代超低损耗长距输电技术则要靠产业化的室温超导(room temperature superconductor)材料。因此, 材料科学才能与能源科学及信息科学一起被誉为现代文明的三大支柱。

材料的种类繁多, 通常根据材料的结构和用途将其分为结构材料和功能材料(functional materials)。结构材料是以强度、刚度、韧性、耐疲劳性、硬度等力学性能为特征的材料, 例如建造摩天大楼用的钢筋、混凝土, 制造飞机用的铝合金、钛合金、特种钢等; 而功能材料是以声、光、电、磁、热等物理特性为特征的材料，例如半导体材料、液晶材料(liquid crystal materials)、储氢材料(hydrogen storage materials)、激光材料(laser materials)等。与无机材料相比，有机光功能材料(organic light functional materials)具有诸多优越的性能，例如优异的耐热性和化学稳定性、良好的绝缘性和介电性能、理想的成膜性以及简单的成型工艺等，在半导体光刻、有机光致发光和电致发光、传感器、生物荧光探针等领域有着广泛应用。集成电路是电子信息产业最关键、最重要也是最主要的基础，而有机光功能材料是集成电路中不可或缺的关键性材料。总之，随着科学技术的进步与发展，有机光功能材料的各种性能不断被利用，并在电子工业中发挥越来越至关重要的作用。

由于激光显示技术(laser display technology)在能耗和色域等方面具有优势，其已成为当今显示产业的生力军。在同等尺寸及显示条件下，激光显示器的功耗仅为普通显示器的70%，同时激光因其自身超窄光谱特性，可以实现更纯的单色显示和更宽色域，这意味着激光显示器的色彩质量和能耗较普通显示器都会有质的飞跃。目前，激光显示的核心：红、绿、蓝三色激光光源还依赖于 GaN、GaAs 等材料作为增益介质的无机半导体激光器。因此激光显示器的成本在纯有机材料主导的有机发光二极管(organic light emitting diode，OLED)显示器和有机材料无机复合的薄膜晶体管液晶显示器(thin film transistor liquid crystal display，TFT-LCD)中处于不利地位，这极大地限制了激光显示技术的发展和推广。目前，激光显示器仅在 60 英寸①以上的大尺寸市场占有一定份额，而在电脑、手机等中小尺寸市场缺乏竞争力。而有机激光显示(organic laser display，OLSD)技术结合了激光显示低功耗、广色域以及 OLED 低成本、小尺寸的优势，成为次世代显示技术的研究重点。

本书将从光功能材料的发光机理、激发态过程及激光理论基础出发，讨论有机激光的理论、发展现状及未来实现激光显示的途径。

1.2　光功能材料的分类

光功能材料(optical function materials)是指在外场作用下，利用材料本身光

---

① 1 英寸=2.54 厘米。

学性质发生变化的原理，实现对入射光信号的探测、调制以及能量转换作用的光学材料的统称。根据其作用机理不同，可分为：电光材料、磁光材料、弹光材料、声光材料、热光材料、非线性光学材料、激光材料等。

电光材料(electro-optic materials)是指具有电光效应的光学功能材料。电光效应是指介质在直流电场或低频(相对于光频)交流电场的作用下，内部发生电极化，使材料的介电常数、折射率发生变化的现象。利用电光材料的电光效应可实现对光波的调制。电光效应具体分为泡克耳斯(Pockels)效应和克尔(Kerr)效应。1893年，德国物理学家泡克耳斯发现物质的折射率的变化与所加电场强度的一次方成正比，此现象称之为泡克耳斯效应。1875年，英国物理学家约翰·克尔(John Kerr)发现物质的折射率的变化与所加电场强度的二次方成正比，此现象称之为克尔光电效应，简称为克尔效应。

有机电光材料具有较大的电光系数、较大的带宽、较快的响应速度、较低的驱动电压、低介电常数，且容易进行加工的优点。有机电光材料的器件化要求材料具有高度的稳定性，以确保器件性能稳定。为大力推动有机材料应用于实用型器件中，许多研究者均将研究工作重心放在提高材料的稳定性上，提出了许多有效的解决方案[1]。

发光二极管(light emitting diode, LED)是一种半导体发光器件。它是利用半导体材料作为发光材料，当两端加上正向电压，半导体中的少数载流子和多数载流子发生复合，放出能量，进而引起光子发射，显示出各种不同颜色的光，而LED的发光材料正是电光材料中的一种。

磁光材料是指在紫外到红外波段，具有磁光效应的光信息功能材料。1845年，英国物理学家法拉第(Faraday)首次发现了磁致旋光效应。其后一百多年，人们又不断发现了新的磁光效应，建立了磁光理论，然而磁光效应并未获得广泛应用。直到20世纪50年代，磁光效应才被广泛应用于磁性材料磁畴结构的观察和研究中。近年来，随着激光、光纤通信、计算机、信息等新技术的发展，人们对磁光效应的研究和应用不断向深度和广度发展，继而涌现了许多全新的磁光材料和磁光器件。

所谓磁光效应，就是在磁场的作用下，物质的电磁特性(如磁导率、磁化强度、磁畴结构等)会发生变化，使光波在其内部的传输特性(如偏振状态、光强、相位、传输方向等)也随之发生变化的现象。磁光效应包括法拉第效应、磁光克尔效应、塞曼(Zeeman)效应、磁致双折射率效应等四种为人们所熟悉的磁光效应[2]。

1）法拉第效应

法拉第效应是指一束线偏振光沿着外加磁场方向通过置于磁场中的介质时，透射光的偏振化方向相对于入射光的偏振化方向转过一定角度 θ_F 的现象，如图 1-1 所示。通常，材料中的法拉第转角 θ_F 与样品长度 l 和磁场强度 B 有以下关系：

$$\theta_F = BlV$$

其中，V 为韦尔代（Verdet）常数，是物质固有的比例系数，单位是 $\mathrm{min/(Oe \cdot cm)}$①。

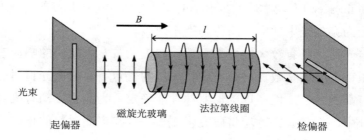

图 1-1　法拉第效应示意图

2）磁光克尔效应

线偏振光入射到磁光介质表面反射出去时，反射光偏振面相对于入射光偏振面转过一定角度 θ_K，此现象称为磁光克尔效应，如图 1-2 所示。磁光克尔效应分极向、纵向和横向三种，分别对应物质的磁化强度与反射面垂直、与反射面和入射面平行、与反射面平行而与入射面垂直三种情况。极向和纵向克尔效应的磁致旋光都正比于磁化强度，一般极向的效应最强，纵向次之，横向则无明显的磁致旋光。磁光克尔效应最重要的应用是观察铁磁体的磁畴。

3）塞曼（Zeeman）效应

磁场作用下，发光体的光谱线发生分裂的现象称之为塞曼效应。其中谱线分裂为 2 条（顺磁场方向观察）或 3 条（垂直于磁场方向观察）的为正常塞曼效应，谱线分裂大于 3 条以上的为反常塞曼效应。塞曼效应是由于外磁场对电

---

① 1 Oe=79.5775 A/m。

子的轨道磁矩和自旋磁矩的作用使能级分裂而产生的，分裂的条数随能级的类别而不同。

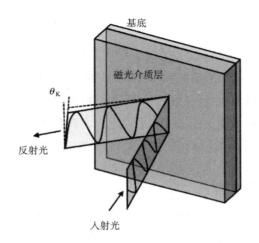

图 1-2　磁光克尔效应示意图

4) 磁致双折射率效应

当光以不同磁场方向置于磁场中的介质时，会出现像单轴晶体那样的双折射现象，称为磁致双折射率效应。磁致双折射率效应包括科顿-穆顿(Cotton-Mouton)效应和沃伊特(Voigt)效应。通常把铁磁和亚铁磁介质中的磁致双折射率效应称为科顿-穆顿效应，反铁磁介质中的磁致双折射率效应称为沃伊特效应。

通常利用这类材料的磁光特性以及光、电、磁的相互作用和转换，制成具有各种功能的光学器件。例如，环行器、调制器、隔离器、磁光开关、偏转器、相移器、光信息处理机、激光陀螺偏频磁镜、磁强计、磁光传感器等[3]。

弹光材料是指其折射率在外加力场作用下发生感应双折射式变化的一类光学材料。在外界力场作用下，材料本身产生弹性力学应变，从而导致折射率的感应变化，主要应用于玻璃、晶体、塑料等。

在垂直于光波传播方向施加压力，材料将会产生双折射现象，其强弱正比于应力。这种现象称之为弹光效应。

偏振光的相位变化为

$$\psi = 2\pi kPl / \lambda_0$$

式中，k——物质弹光性系数；

P——施加在物体上的压强；

l——光波通过材料的光程；

λ_0——光的波长。

声光材料是具有声光效应的材料。在声波场的作用下，材料内部的密度发生周期性起伏变化，从而引起折射率的周期性起伏变化，使介质本身相当于一种相位光栅，从而可对定向入射光束产生衍射作用，这种现象称之为声光效应。声光效应就是研究光通过声波扰动的介质时发生散射或衍射的现象。由于弹光效应，当超声纵波以行波形式在介质中传播时会使介质折射率产生正弦或余弦规律变化，并随超声波一起传播，当激光通过此介质时，就会发生光的衍射，即声光衍射。

1922 年，布里渊(L. N. Brillouin)在理论上预言了声光衍射；1932 年，德拜(P. J. W. Debye)和西尔斯(F. W. Sears)以及卢卡斯(R. Lucas)和比夸特(P. BeQuat)分别观察到了声光衍射现象。声光衍射理论、新声光材料及高性能声光器件的设计和制造工艺在 1966～1976 年间得到迅速发展。1970 年，实现了声表面波对导光波的声光衍射，并研制成功表面(或薄膜)声光器件。1976 年后，随着声光技术的发展，声光信号处理已成为光信号处理的一个分支[4]。

众所周知，一种优良的声光材料，必须具备下列条件：

(1)在可使用光波范围内有良好的光学质量和透明度；

(2)容易获得大的尺寸，化学稳定性好、机械强度高；

(3)光学和声学衰减低；

(4)物理常数特别是声速的温度系数低；

(5)声光优值高。

常见的声光材料包括：熔石英、高铅玻璃以及钼酸铅、二氧化碲、磷化镓等。声光材料通常被制成声光开关，用来对光进行控制和调制，或者制成声光偏转器。改变声波的驱动效率便可改变衍射光束的方向，用这一原理即可制成高速偏转光束的声光偏转器。

本身的电极化强度特性在强光场的作用下能发生感应非线性变化的一类光学介质被称为非线性光学材料。利用非线性光学晶体的倍频、和频、差频、光参量放大和多光子吸收等非线性过程可以得到频率与入射光频率不同的激光，从而达到光频率变换的目的。

在非线性光学材料研究初期就发现尿素、苦味酸、二硝基苯胺等一系列有机物具有非线性光学效应。由于具有大的非定域 π 共轭电子体系的有机分子有较强的光电耦合特征，所以非线性光学材料能得到高的响应值和比较大的光学系数[5]。

选择非线性光学材料的主要依据有以下几方面：

(1) 有较大的非线性极化率；

(2) 有合适的透明度及光学均匀性；

(3) 能以一定方式实现位相匹配；

(4) 材料的损伤阈值较高，能承受较大的激光功率或能量；

(5) 有合适的响应时间，分别对脉宽不同的脉冲激光或连续激光作出足够响应。

其主要应用于激光频率转换、激光对抗、四波混频、光束转向、图像放大、光信息处理、光存储、光纤通信、水下通信及核聚变等研究领域。

激光材料是指在一定泵浦方式作用下，专门用来实现粒子数反转并产生激光发射或放大作用的光学介质。1916 年，爱因斯坦提出了“受激辐射”的概念，奠定了激光的理论基础。1958 年，贝尔实验室的汤斯(C. H. Towens)和肖洛(A. L. Schawlow)发表了关于激光器的经典论文，奠定了激光发展的基础。1960 年，美国科学家梅曼(T. H. Maiman)发明了世界上第一台红宝石激光器[6]。1962 年，He-Ne 气体激光器在美国贝尔实验室研制成功。这两个发明开创了传统的固体激光器和气体激光器的时代，自此，激光进入高速发展的时期。

激光是光的受激辐射，具有单色性好、方向性好、相干性好、亮度高等特点。激光的原理包括：①自发吸收，电子透过吸收光子从低能阶跃迁到高能阶；②自发辐射，电子自发地透过释放光子从高能阶跃迁到低能阶；③受激辐射，光子射入物质诱发电子从高能阶跃迁到低能阶，并释放光子。

要获得激光发射，必须满足以下三个基本条件：

(1) 形成布居数反转，使得受激辐射占优势；

(2) 具有共振腔，以实现光量子放大；

(3) 至少达到阈值电流密度，使得增益至少等于损耗。

激光器通常由三部分组成，分别是工作介质、泵浦激励源和谐振腔。相比传统的激光材料，有机激光材料具有以下两个优点：①分子中具有共轭的 $\pi\text{-}\pi^*$ 键结构，分子间范德瓦耳斯力使得电子云的重叠部分很小，同时载流子具有高度局域化的特点，使得有机材料容易实现粒子数反转；②有机材料的吸收光谱和荧光发射光谱之间存在很大的斯托克斯位移，所以其对自身的荧光吸收系数较小，但对激发光的吸收系数 α 较大(通常 $\alpha \geqslant 1 \times 10^{5} cm^{-1}$)，因此有机材料的受激辐射和吸收的截面都很大，增益长度与吸收长度相当，表明有机材料的受激辐射相对于自发辐射占据很大的优势。

光功能材料种类繁多，用途广泛，具有广阔的市场前景，正引起越来越多的科学家的重视并进行深入研究。新型材料的制备和探索及产业化进程正朝着新的方向迈进，具有前瞻性的前景和重要的战略意义。

1.3 现代光功能材料的发展状况

有机光功能材料具有许多优越的性能，例如：①在可见光区域有很好的吸收性质，即具有较大的消光系数，在光检测器和光伏器件的应用中具有较大的应用潜能；②大多有机光功能材料具有较大的斯托克斯位移和较低的光折射率，使有机电致发光器件避免了再吸收和光折射损失这两个主要缺点；③前沿电子饱和，具有较低的本征缺陷浓度；④数量多，可以通过分子剪裁修饰实现多样化；⑤制备及提纯工艺简单快捷。光功能材料种类多，应用极广，已成为世界各国新材料研究发展的热点和重点，也是世界各国高科技发展中战略竞争的热点，近些年来也已经取得了一些进展。

1.3.1 电光材料

电光材料是以光子为载体的新一代信息材料。到目前为止，研究的焦点主要集中在树枝状电光材料。在非线性光学材料中，电光材料的研究历史可追溯到 20 世纪 60 年代初，早期研究的电光材料多为无机或半导体晶体材料[7]，如无机晶体铌酸锂(LiNbO₃)和半导体单晶砷化镓(GaAs)等，虽然这些晶体材料目前已发展较为成熟，且已实现商业化，但其自身固有的缺陷[8](如电光系数不高、介电常数和半波电压较高、单晶较脆且生长也较为困难等)，致使其发展空间较为有限，难以满足信息容量进一步增大的发展趋势。20 世纪 80 年代初，在压电驻极体工作的启发下，Meredith 首次提出极化聚合物电光材料(简称电光高分子)的概念[9]，从而使得有机高分子电光材料成为非线性光学材料中最为活跃的研究领域之一。自极化聚合物概念提出以来，人们逐渐将目光从无机材料转向了高分子材料，设计并合成了许多综合性能优良的电光高分子。树枝状聚合物(dendrimer)是不同于普通线性、交联以及枝状高分子的一种新型大分子[10]，Ma 等[11]通过逐步法合成了含多个非线性光学生色团的树枝状大分子，Jen 课题组[12]近几年来也系统开展了树枝状电光大分子的研究，制备了许多综合性能优异的电光材料。虽然树枝状大分子有很多优点，但也存在一些弊端，如树枝状电光大分子合成步骤烦琐，纯化困难；树枝状电光高分子性质复杂、重现性不佳；自组装超分子材料机械强度低劣，在高温时取向稳定性较差。因此，如何克服上述缺点，设计与合成综合性能优良的电光高分子材料(即材料能同时兼具高电光系数、高稳定性以及低光学损耗等性能)仍然是个不小的难题，这也将成为今后主要研究方向。

1.3.2 磁光材料

磁光材料是磁光器件的核心，但是国内光通信领域所用的高端磁光材料均须从国外进口，因此需要加强磁光材料研究与产业化的衔接。而欧盟《电气、电子设备中限制使用某些有害物质指令》使得磁光器件市场准入门槛提高，进一步增加了我国磁光材料产业化的难度。

应用于光学通信的磁光材料的总的要求就是法拉第旋转的温度系数要小(在宽温范围内产生大的消光比)、光吸收小(降低器件正向损耗)、饱和磁化强度要低(可用弱的偏场，减小器件尺寸)[13]。磁光玻璃、磁光晶体和磁光薄膜都需最大限度地提高材料的本征法拉第旋转等磁光效应以增加器件效能；尽可能降低磁光材料的光损耗和波长温度敏感系数，以拓展器件对环境的适应力。由于磁光薄膜更能满足器件小型化的需求，高品质磁光薄膜及其复合工艺的研究将在相当长的时间内成为热门。而块状磁光晶体生长技术的突破是薄膜品质提高的关键。

在对磁光材料性能进行列表比较时发现，磁光材料的性能表征参数的选择与单位没有统一标准。而不同文献的同类磁光材料性能表征以及单位使用也不统一，不利于对比和研究的深入。测试磁光材料的磁性和物理性能的仪器、技术也需要制定相关标准。

1.3.3　声光材料

自激光器问世以来，人们一直致力于声光互作用原理的开发应用研究。随着高性能超声延迟线的出现，以及激光技术和微电子技术的迅速发展，促进了声光技术的迅速发展。今天，声光器件不仅广泛地用于激光束的控制，而且在频域和时域的大带宽高密度实时信号处理中，已显示出令人瞩目的优点，逐渐形成了一门新的信号处理技术——声光信号处理技术。然而，要使声光技术获得更为广泛的应用，仍有待于声光器件性能的进一步提高，这将不仅有赖于改进声光器件的设计方法，而且更为重要的是，进一步改善已有声光材料的声光性能和研制出具有优良声光性能的新材料。

玻璃是最普通也是最常用的声光介质材料。据不完全统计，在 *Lasers & Optronics*: *1989 Buying Guide* 一书中所介绍的近 20 个不同厂家所生产的百余种不同型号的声光调制器中，用各种不同玻璃材料作声光互作用介质材料的占 33% 左右。而该书中所介绍的声光开关，几乎都是用玻璃材料来制作的。最常用的声光介质玻璃有熔融石英玻璃、燧石玻璃和重火石玻璃等。

近 20 多年来，由于许多介质材料的声光性能不断提高和新声光介质材料的出现，促使声光器件的性能取得了很大的提高。显然，声光器件性能的进一步提高，并扩大其应用范围，除了有赖于进一步改进设计原理外，还有赖于现有声光介质材料性能的进一步改善及新声光材料的开发应用。因此，不少著名的实验室，如斯坦福大学材料科学研究中心和洛克菲勒国际科学中心等，多年来一直致力于这方面的研究。

新材料的研究开发是个耗资费时又相当复杂的过程，如何使这一过程变得更为有效，是许多材料科学家所关心的问题。美国西屋研究与发展中心的 Gotnieb 等提出的从化合物的鉴定到器件的制备,研究声光晶体的程序是十分值得参考的。

1.3.4　非线性光学材料

自科学家在红宝石晶体中发现二次谐波造成的非线性光学现象以来，针对非线性光学现象的研究发展已有五十多年的历史，并且在非线性光学和非线性光学材料的理论知识和实践经验方面取得一定的佳绩。非线性光学材料在通信、医疗、光学计算机和激光等领域的发展得到了进一步的深化，为进一步探索非线性光学材料在新领域的应用夯实了基础，也为当前非线性光学材料的广泛应用做出了重要的贡献。随着我国经济社会的快速发展和科技水平的进一步提升，光电子行业得到了应用，使得对光电功能材料的需求量进一步增加。与此同时，非线性光学材料作为激光技术、光信息处理、光通信等行业的基础材料得到了社会各界人士的密切关注，它的发展也在一定程度上影响着我国光电子产业的进一步壮大[14]。1983 年，R. K. Jain 等首先研究了掺 CdS_xSe_{1-x} 的半导体微晶玻璃的非线性光学性质，发现其具有优异的非线性响应系数和响应速度，将作为继无机晶体之后又一种高效新型非线性光学材料。有机化合物的非线性效应是在 1964 年首次发现的，并引起了人们极大的重视，之后陆续发现了许多性能优异的有机非线性光学材料。近年来，由于纳秒、皮秒和飞秒激光器技术的迅速进步，非线性光学的发展迎来了春天，同时对非线性材料的光学性能要求也越来越高。到目前为止，非线性光学材料主要包括以下几类：有机金属类化合物、无机有机复合二维材料(碳纳米管和石墨烯)和有机小分子(C_{60}、酞菁和卟啉)。光限幅效应是针对激光防护最有力的工具，也是非线性光学近年来最大应用[15]。

1.3.5　激光材料

1960 年第一台红宝石激光器[16]的诞生引发了科学和技术领域的革命，极大地推动了生产力和科技的发展以及社会的进步。激光光谱学使我们对周围的物理和化学世界有了前所未有的新的认识[17]。如今材料科学是新型激光器发展的关键。和无机光子学材料相比，有机半导体材料具有易于合成、分子结构可功能化设计等特性，在光学性能可调谐、柔性、加工成本等方面均表现出明显的优势[18]，是一大类具有重要应用前景的激光材料。有机半导体激光器的快速发展得益于有机薄膜晶体管[19]和有机发光二极管[20-21]领域理论和工艺的不断成熟。目前光泵浦有机半导体激光器的激光波长已经覆盖了整个可见光光谱区。有机半导体激光器的快速发展丰富了激光器的种类，使其在信息光电子领域有潜在重要的应用前景。研发并发展电泵浦有机半导体激光器是有机光电子领域最重要的目标之一。

和无机半导体激光一样，有机半导体激光同样经历了漫长的发展过程。聚合物激光方面，最先取得突破的是共轭聚合物聚对苯撑乙炔[poly (*p*-phenylene vinylene), PPV]的一种衍生物，其在溶液状态下实现了光泵浦激射。1992 年，美国加利福尼亚大学圣巴巴拉分校的 Daniel Moses 首先在聚合物材料聚[2-甲氧基- 5-(2-乙基-己氧基)-对苯乙炔](MEH-PPV)的二甲苯溶液中实现了光泵浦激光[22]。1995 年，美国罗切斯特大学的 Rothberg 研究小组[23]，美国加利福尼亚大学圣巴巴拉分校的 Hide 研究小组[24]将 MEH-PPV 分别溶解在不同溶剂中，也成功地观测到了光泵浦激光。同年，荷兰格罗宁根大学的 Brouwer 在一种 PPV 衍生物的正己烷溶液中得到了光泵浦激光，并且激光的波长在 414～456 nm 范围内可调[25]。到目前为止，已经发现大量聚合物材料在溶液中具有很高的荧光量子效率及良好的受激发射特性，有可能成为染料激光器潜在的工作介质。当聚合物溶液光泵浦激光器发展到一定程度后，全固态的有机激光器成为科研工作者的研究目标。1996 年，英国剑桥大学卡文迪许实验室的 Friend 研究小组[26]第一次对光泵浦聚合物微腔激光器的激射行为做了详尽的报道。1997 年，美国普林斯顿大学的 S. R. Forrest 研究小组首次实现了光泵浦主客体掺杂有机小分子激光[27]。这和以前的固体染料激光器是不同的，尽管固体染料激光器也是把染料小分子掺杂到有机主体材料中，但是那些有机主体材料都是电绝缘的。而 S. R. Forrest 研究小组使用有机半导体材料作为激光染料的主体材料，可以得到高质量并有一定导电性的有机薄膜，所获得的激光器呈现较高的效率。

传统薄膜器件中的无规结构和晶界缺陷制约着器件的性能。更重要的是，薄膜材料本身不能形成(光学)谐振腔，其激光出射需要依赖于外加工的谐振腔，这在很大程度上阻碍了有机微纳激光的应用拓展。如何得到本身兼具高质量谐振腔和高增益介质的微纳结构材料，是有机激光领域面临的一大挑战。但是，由于有机材料中弗仑克尔(Frenkel)激子的结合能远远大于无机半导体中瓦尼尔(Wannier)激子的结合能，因此传统上认为分子材料难以表现出量子限域效应。根据分子材料中电荷转移激子可以在相邻分子上分布的特点，中国科学院化学研究所姚建年院士团队首次将量子尺寸效应的研究从无机半导体拓展到了有机纳晶体系[28]，观察到了有机低维光功能材料的激子手性[29]、尺寸依赖以及对能带结构的调控作用[30]。这些研究代表了国际上有机低维分子材料领域的先驱性工作，揭示了有机纳米体系不同于金属和无机半导体的新特点。该研究团队从化学动力学和热力学的基本规律出发，提出了基于有机分子组装的微纳结构制备的新观念，其中"分子设计-弱相互作用调控-动力学控制合成"的研究思路成为该领域的普遍共识。在有机低维分子材料取得突破的基础上，姚建年院士团队在国际上率先开展了有机纳米光子学材料与器件的研究工作[31]，发现有机晶体结构本身可以形成内建谐振腔，对光子具有明显的限域效应。有机分子之间可以通过弱相互作用，自组装成为具有不同结构的微纳晶体[32]。尤其是，微晶结构平整的表面及端面可用于平面反射从而具有谐振腔效应。例如，纳米线两个平整的端面作为反射镜构成了线性 FP 光学腔，单晶四方片、六方片或微米半球结构则构成了类似天坛回音壁的回音壁光学微腔，从而在不用外加谐振腔的条件下获得了低的光学传输损耗和低阈值受激发射。基于此，该研究团队最早报道了基于单个有机单晶纳米材料的光波导[33]与微型激光器[34]，相关工作被 Nature 进行专题评述。此后，关于全固态光泵浦有机微纳激光器件的报道不断涌现，付红兵研究组报道了第一个基于 PDI 的有机固体激光器（organic solid-state laser，OSSL），它是由 N,N'-双（1-乙基丙基）-2,5,8,11-四（对甲基苯基）-苝二胺（mp-PDI）溶液自组装回音壁模式（whispering-gallery-mode, WGM）微腔。单晶数据显示，mp-PDI 分子堆积成松散的扭曲砖石结构，形成 J 型聚集体，其固态光致发光（photoluminescence，PL）效率 $\Phi>15\%$。此外，我们发现在锯齿状结构中激子振动耦合会导致超快的辐射衰变，从而缩短激子扩散长度，进而抑制双分子激子湮灭（bmEA）过程。由多模式激光输出所提供的非线性光谱反馈，使多模式激光输出具有非线性光谱相干性[35]。2019 年，该课题组还报道了第一个来自纯有机发光转子的磷光染料激光，其由供电子的硫化物取代二氟硼（SBF2）和接受电子的硝基苯（NB）两部分组成。此外，调节单线态荧光和三线态磷光通道之间的放大自发辐射（amplified spontaneous emission，ASE）是通过调节供体和受体部分的相对旋转（二面角 θ）来实现的。理论计算和实验结果表明，自由转子旋转和限制转子旋转调节了 T_2 在 S_1 状态以下和以上的状态，从而分别开启和关闭了从 S_1 到高能量 T_2 的系间窜越系，产生磷光和荧光。根据这一策略，在 NB 部分上添加甲基来增加 2 位的空间位阻，从而产生可调谐的磷光和/或荧光。该结果扩展了有机染料激光的应用范围，并为开发能够通过三线态 ASE 的磷光 OGMs 提供了策略[36]。有机半导体材料具有非常宽的发射波段，在理论上，适合实现多功能固态激光器；然而，大多数有机材料只在短波长下，符合富兰克-康顿（Franck-Condon，FC）原理的 0→1 传递。有机材料中的激光振荡一般发生在短波长振动波段（多数为 0→1 波段，很少为 0→2 波段）。由于 FC 原理的限制，将有机微纳米材料的激光波长调整为长波长的振动带是一个很大的挑战，这在很大程度上限制了可调谐有机微型化激光器的实现。姚建年和赵永生课题组提出了一种基于有机材料微晶体态可控振动发射的策略，以克服 FC 原理在大范围内裁减微激光器输出的限制。有机激光器的输出波长第一次被定制为横跨整个发射光谱的所有振动波段（0→1,0→2,0→3，甚至0→4）。实现了基于同骨架分子间掺杂的振动能级多色激光器[37]。

然而，光泵浦激光器的局限在于，需要一种泵浦光源去激发激光器件，并且目前光泵浦有机激光器的泵浦光源都是价格昂贵的高频率脉冲激光，这极大地限制了有机激光器在实际生产和生活中的应用。因此，如何让有机分子兼顾激光和电致发光性能，实现有机电泵浦激光，成为有机激光器研究的最终目标。同时具有强发光（或高增益系数）和高载流子迁移率的材料是发展电驱动有机固态激光的关键。最近，廖清、付红兵等对齐聚苯乙烯撑进行修饰获得了具有激光增益和电荷传输特性的新型有机分子 1,4-二甲氧基-2,5-二（联噻吩基）苯（TPDSB）。利用简单溶液自组装的方法，可控地实现了一维纳米线和二维纳米片不同维度形貌的制备。在两种不同的微纳晶中既实现了激光，又具有载流子运输。不仅实现微纳器件多样化，而且也丰富了有机固体光电材料的选择种类[38]。胡文平等以具有优异发光特性的芴作为核心结构基元，利用碳-碳在其 2,7 位引入苯环拓展分子共轭结构，设计合成了兼具优异电荷传输和高发光性能的新型 2,7-二苯基芴分子（LD-1）分子。有机场效应晶体管测试 LD-1 分子的载流子迁移率为 $0.25\ cm^2 /(V \cdot s)$，单晶荧光量子产率达 60.3%，基于该分子进一步成功构筑的器件展现了强的电致发光特性和受激发射能力。这一研究工作进一步丰富了高迁移发光有机半导体的材料体系[39]。

目前最接近有机电泵浦激光器的是 Adachi 课题组和刘星元课题组。发射激光的一个关键步骤，就是向有机层中注入大量电流，以达到"粒子数反转"的条件。然而，许多有机材料的高电阻，使得它们在加热和燃烧之前，难以在材料中获取足够的电荷。最近，九州大学的 Adachi 教授领导的研究小组使用了一种高效的有机发光材料（BSBCz）。该材料即使在注入大量电流的情况下，还具有相对较低的电阻以及较少量的损耗。同时设计了"分布式反馈结构"器件结构，即其中一个电极顶部有一个绝缘材料网格，用于将电流注入有机薄膜中。其可以产生发射激光所需的光学效应，实现了 BSBCz 光谱变窄[40]。刘星元课题组根据腔量子电动力学原理，设计研制了高品质的平面光学微腔，有效调控了有机半导体材料的自发发射和受激发射特性，成功克服了器件光学损耗大的难题，从而在低阈值电流密度下实现了电泵浦有机半导体激光器。该器件以经典有机小分子掺杂体系（Alq_3：DCJTI）为增益介质，激光峰位于 621.7 nm，随着电流的增加激光峰位保持不变，表明该器件具有优异的稳定性。该激光器的阈值电流密度约为 1.8 mA/cm^2，最小线宽约为 0.835 nm；在电流密度为 16 mA/cm^2 时，光增益达到最大，达到 5.25 dB。该低阈值激光器的实现意味着室温、连续激射的可行性，是有机半导体激光器获得实际应用的重要一步[41]。上述两个课题组的研究由于缺乏充分的激光性质证据，目前还不被广泛认可，然而，通过改进材料和创新器件结构，慢慢突破各项性能极限，基于有机半导体的激光二极管最终必将实现。

　　总之，有机光功能材料资源丰富，价格低廉，并同时具有可拉伸、柔性、光谱可调、可用于大面积制备、轻便等诸多优点，在科研工作者的共同努力下，有机发光二极管、激光、先进照明、新型显示领域取得了很大进展，可以实现更纯的单色显示和更宽色域，这就意味着未来技术的色彩质量和能耗较普通显示器都会有质的飞跃，为人类社会的发展提供了无限可能。

参 考 文 献

[1] 邓国伟, 杨敏, 张小玲. 简述有机电光材料稳定性的研究进展. 科技资讯, 2015, 13(36): 155-156.

[2] 周静, 王选章, 谢文广. 磁光效应及其应用. 现代物理知识, 2005, 17(5): 47-49.

[3] 闫鹏飞. 精细化学品化学. 北京: 化学工业出版社, 2004.

[4] 曹跃祖. 声光效应原理及应用. 物理与工程, 2000, 16(5): 46-47.

[5] 封继康. 非线性光学材料的分子设计研究. 化学学报, 2005, 63(14): 1245-1256.

[6] 张琪, 曾文进, 夏瑞东. 有机激光材料及器件的研究现状与展望. 物理学报, 2015, 64(9): 094202.

[7] 洪海平, 王业斌, 林绮, 等. 无机非线性光学材料的探索. 化学通报, 1994, (10): 18-27.

[8] Clays K, Coe B J. Design strategies versus limiting theory for engineering large second-order nonlinear optical polarizabilities in charged organic molecules. Chem Mater, 2003, 15: 642-646.

[9] Meredith G, Vandusen J, Williams D. Optical and nonlinear optical characterization of molecularly doped thermotropic liquid crystalline polymers. Macromolecules, 1982, 1: 1385-1389.

[10] Ma H, Liu S, Luo J D, et al. Highly efficient and thermally stable electro-optical dendrimers for photonics. Adv Funct Mater, 2002, 12: 565-569.

[11] Ma H, Che B Q, Sassa T, et al. Highly efficient and thermally stable nonlinear optical

dendrimer for electrooptics. J Am Chem Soc, 2001, 123: 986-990.

[12] Luo J D, Ma H, Haller M, et al. Large electro-optic activity and low optical loss derived from a highly fluorinated dendritic nonlinear optical chromophore. Chem Commun, 2002, 73: 888-893.

[13] 马昌贵. 磁光器件及其在光通信中的应用. 磁性材料及器件, 2001, 32(6): 35-39.

[14] 陆欣男. 非线性光学材料研究现状与应用前景. 电子世界, 2018, 22: 109-113.

[15] 王建强. 非线性光学及其材料的研究进展. 当代化工研究, 2018, 10: 175-176.

[16] Maiman T H. Stimulated optical radiation in ruby. Nature, 1960, 187: 493-494.

[17] Dantus M, Bowman R M, Zewail A H. Femtosecond laser observations of molecular vibration and rotation. Nature, 1990, 343: 737-739.

[18] Clark J, Lanzani G, Organic photonics for communications. Nat Photon, 2010, 4: 438-446.

[19] Tsumura A, Koezuka H, Ando T. Macromolecular electronic device: Field-effect transistor with a polythiophene thin film. Appl Phys Lett, 1986, 49(18): 1210-1212.

[20] Tang C W, Vanslyke S A. Organic electroluminescent diodes. Appl Phys Lett, 1987, 51(12): 913-915.

[21] Burroughes J H, Bradley D D C, Brown A R. Light-emitting diodes based on conjugated polymers. Nature, 1990, 347: 539-541.

[22] Moses D. High quantum efficiency luminescence from a conducting polymer in solution: A novel polymer laser dye. Appl Phys Lett, 1992, 60(26): 3215-3216.

[23] Radousky H B, Madden A D, Pakbaz K. Accelerated Degradations Studies of MEH-PPV. Albuquerque, New Mexico: 27th International SAMPLE Technology Conference, 1995, CONF-951033-9.

[24] Hide F, Schwartz B J, Diaz-Garcia M A, et al. Laser emission from solutions and films containing semiconducting polymer and titanium dioxide nanocrystals. Chem Phys Lett, 1996, 256(4-5): 424-430.

[25] Brouwer H J, Krasnikov V V, Hilberer A. Novel high efficiency copolymer laser dye in the blue wavelength region. Appl Phys Lett, 1995, 66(25): 3404-3406.

[26] Tessler N, Denton G, Friend R. Lasing from conjugated polymer microcavities. Nature, 1996, 382: 695-697.

[27] Kozlov V G, Bulovic V, Burrows P E, et al. Laser action in organic semiconductor waveguide and double-heterostructure devices. Nature, 1997, 389: 362-364.

[28] Fu H B, Yao J N. Size effects on the optical properties of organic nanoparticles. J Am Chem Soc, 2001, 123: 1434-1439.

[29] Xiao D B, Xi L, Yang W S, et al. Size-tunable emission from 1,3-diphenyl-5-(2-anthryl)-2-pyrazoline nanoparticles. J Am Chem Soc, 2003, 125: 6740-6745.

[30] Fu H B, Loo B H, Xiao D B, et al. Multiple emissions from 1,3-diphenyl-5-pyrenyl-2-pyrazoline nanoparticles: Evolution from molecular to nanoscale to bulk materials. Angew Chem Int Ed, 2002, 41: 962-965.

[31] Zhao Y S, Fu H B, Peng A D, et al. Low-dimensional nanomaterials based on small organic molecules: Preparation and optoelectronic properties. Adv Mater, 2008, 20: 2859-2876.

[32] Zhao Y S, Fu H B, Peng A D, et al. Construction and optoelectronic properties of organic one-dimensional nanostructures. Acc Chem Res, 2010, 43: 409-418.

[33] Zhao Y S, Xu J J, Peng A D, et al. Optical waveguide based on crystalline organic microtubes and microrods. Angew Chem Int Ed, 2008, 47: 7301-7305.

[34] Zhao Y S, Peng A D, Fu H B, et al. Nanowire waveguides and ultraviolet lasers based on small organic molecules. Adv Mater, 2008, 20: 1661-1665.

[35] Yu Z Y, Wu Y S, Fu H B, et al. Self-assembled microdisk lasers of perylenediimides. J Am Chem Soc, 2015, 137: 15105-15111.

[36] Li S, Yu Z Y, Fu H B, et al. Modulation of amplified spontaneous emissions between singlet fluorescence and triplet phosphorescence channels in organic dye lasers. Laser Photon Rev, 2019, 13: 1900036-1900044.

[37] Dong H Y, Zhang C H, Zhao Y S, et al. Organic microcrystal vibronic lasers with full-spectrum tunable output beyond the Franck-Condon principle. Angew Chem Int Ed, 2018, 130: 3162-3166.

[38] Liao Q, Wang Z, Fu H B, et al. The effect of 1D- and 2D-polymorphs on organic single-crystal optoelectronic devices: Lasers and field effect transistors. J Mater Chem C, 2018, 6: 7994-8002.

[39] Liu D, De J, Hu W P, et al. Organic laser molecule with high mobility, high photoluminescence quantum yield, and deep-blue lasing characteristics. J Am Chem Soc, 2020, 142: 6332-6339.

[40] Sandanayaka A S D, Matsushima T, Adachi C, et al. Indication of current-injection lasing from an organic semiconductor. Appl Phys Express, 2019, 12: 061010.

[41] Lin J, Hu Y, Liu X Y, et al. Light gain amplification in microcavity organic semiconductor laser diodes under electrical pumping. Sci Bull, 2017, 62: 1637-1638.

第 **2** 章

激 光 简 介

2.1 激光的产生和发展历史

17 世纪，人们对光的本性进行了探索，例如以惠更斯、胡克为代表的波动说：光是以一定方式沿空间传输的波动过程；还有以牛顿为代表的微粒说：光是以经典方式运动着的微小粒子。到了 19 世纪，电磁场理论、麦克斯韦方程组理论的提出使得光的波动说有了进一步发展[1]。19 世纪下半叶发展起来的电磁场理论能够解释光的反射、折射、干涉、衍射、偏振和双折射等现象；然而在 19 世纪末到 20 世纪初，出现了黑体辐射、原子线状光谱、光电效应、光化学反应和康普顿散射等实验现象，这些涉及光与物质相互作用时能量与动量交换特征的就无法用当时的经典理论来解释了[2]。1900 年，普朗克率先提出了能量的量子化概念，并因此获得 1918 年诺贝尔物理学奖；随后 1905 年，爱因斯坦提出光的量子化(光子，也称光量子)假说并成功解释了光电效应，并因此获得 1921 年诺贝尔物理学奖；1913 年，玻尔借鉴了普朗克的量子概念提出了全新的原子结构模型，并因此获得 1922 年诺贝尔物理学奖。1916 年，美国物理学者罗伯特·密立根用实验证实了爱因斯坦关于光电效应的理论。从麦克斯韦方程组，无法推导出普朗克与爱因斯坦分别提出的这两个非经典论述。物理学者被迫承认，除了波动性质以外，光也具有粒子性质，即光具有波粒二象性。

1917 年，爱因斯坦在论文 *Zur Quantentheorie der Strahlung*（*On the Quantum*

Theory of Radiation)中通过扩展普朗克辐射定律，基于电磁辐射的吸收，发射和受激发射的概率系数，建立了激光(laser)和微波激射器(maser)的理论基础[3]。1928 年，Landenburg 证实了受激辐射和"负吸收"的存在；1947 年，Lamb 和 Reherford 在氢原子光谱中发现了明显的受激辐射，这是受激辐射第一次被实验验证[4]，Lamb 因在氢原子光谱研究方面的成绩而获得 1955 年诺贝尔物理学奖；1950 年，Kastler 提出了光学泵浦的方法，两年后该方法被实现，其也因为提出了这种利用光学手段研究微波谐振的方法而获得 1966 诺贝尔物理学奖[5]；1951 年，Weber 提出受激辐射微波放大，即 Maser 的概念[6]。1953 年，Townes 等发明了第一台能够非连续输出的微波放大器[7]。与此同时，在苏联的 Basov 和 Prokhorov 独立地研究了量子振荡器，并且通过基于高于两能级系统成功实现了可连续输出的微波放大器。1955 年，Basov 和 Prokhorov 提出了光泵浦多能级系统可以作为一种实现粒子数反转的方法，后者是激光器泵浦的主要原理。1964 年，Townes、Basov 和 Prokhorov 因在量子电子学中实现了构建基于激光原理的振荡器和放大器方面的基础工作共同分享了诺贝尔物理学奖[8]。

1958 年 Schawlow 和 Townes 在 *Phy. Rev.*上发表论文 *Infrared and Optical Maser*，标志着激光器作为一种新事物登上了历史舞台[9]。1960 年 5 月，休斯研究实验室的 Maiman 和 Lamb 研制了闪光灯泵浦的固态红宝石激光器，发射 694.3 nm 的红色激光，这是公认的世界上第一台激光器[10]。然而，由于其三能级泵浦系统的限制，该激光器只能在脉冲条件下工作。1960 年 12 月，伊朗物理学家 Javan 和 Bennett 和 Herriott 制成了第一台可以实现连续工作的氦-氖气体激光器[11]。1962 年，Hall 发明了第一个基于 GaAs 的半导体激光器，可发射 850 nm 近红外激光。1970 年，Alferov 和贝尔实验室的 Hayashi 和 Panish 分别独立发明了基于半导体异质结的常温连续工作的二极管激光器。

从激光器研究最早期开始，科学家已经发明并提高和优化了很多满足不同性能目的的激光器，例如：具有新的发射波长、更大的平均输出功率、更大的峰脉冲能量、更大的峰脉冲功率、较小的输出脉冲时间、较大的能量利用效率、较小的损耗等的激光器。例如 2017 年，代尔夫特理工大学的研究人员发明了基于 AC 约瑟夫二极管的微波激光器。因为该激光器运行在超导条件下，相对于半导体激光器具有更好的稳定性。

在对传统无机半导体激光器和气体激光器性能提高进行研究的同时，很多科学家也专注于开发加工容易、制造成本低、光谱易调节的激光器。染料激光器使用有机染料作为增益介质。有机染料分子的合成原料来源广泛，可溶液加工；通过控制有机染料分子的基团，可以对发光波长进行很好的调节。尽管染料激光器通常将有机染料分子溶解在液态溶剂当中，但是有机染料分子可以通过分子间相互作用自组装形成固态微纳晶体，并且保持良好的光泵浦激光性能[12]。1987 年美籍华人科学家邓青云和其合作者发明有机发光二极管，证实了有机染料分子电致发光性能[13]。经过几十年的研究和发展，有机发光二极管(OLED)已经应用在我们日常电子用品的显示屏幕当中；但是，有机电泵浦激光仍然是目前有机激光器研究的热点和难点。

2.2 激光的本质特征

激光最初的中文名叫作"镭射""莱塞"，是它的英文名称 Laser 的音译，是取自英文 light amplification by stimulated emission of radiation 的各单词的头一个字母组成的缩写词，意思是"通过受激辐射光放大"。激光的英文全称已完全表达了制造激光的主要过程。激光是 20 世纪的四项重大发明(激光、原子能、半导体、计算机)之一，被称为"最快的刀""最准的尺""最亮的光"。激光和太阳、电灯、手电筒的光都不一样。激光是集中起来的，而其他光是散开的。激光是由光与物质的相互作用而产生，相互作用中的受激辐射过程便是激光的物理基础。这一概念由爱因斯坦首先提出，通过参考普朗克的辐射量子化假设和玻尔的原子中电子运动状态量子化假设，爱因斯坦也将光的能量量子化，从光子出发，重新推导了黑体辐射的普朗克公式，并在推导过程中提出了3 个新概念：自发辐射、受激吸收和受激辐射(图 2-1)[12]。

在图 2-1(c)的过程中，我们可以看到入射 1 个特定频率的光子后，会使物质中的电子向下跃迁，产生 1 个相同频率的光子，这样就可以出射 2 个光子，以此类推，将会有更多的相同频率的光子产生，这些光子具有方向一致、频率相同、相干性好等特点，这样就产生了激光。既然激光是一种受激辐射的光放大，那么我们就需要知道什么是受激辐射?什么是光放大?所以我们必须了解几个概念。

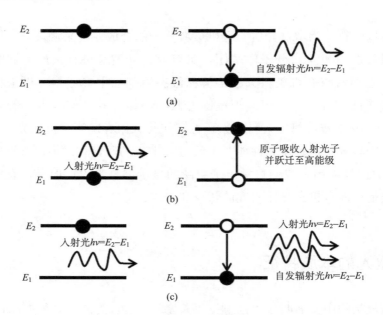

图 2-1　自发辐射(a)、受激吸收(b)和受激辐射(c)示意图

2.2.1　能级

　　量子力学认为,原子(分子或离子等都是这样,下同)具有分立的能级结构。一个原子中最低的能级称为基态,其余的称为高能态,或激发态,原子只可能存在于这些分立的能级上。通常在热平衡的原子体系中,原子数目按能级的分布服从玻尔兹曼分布率,位于高能级的原子数总是少于低能级的原子数。正常情况下原子大部分处在基态,在有外部能量时,可以到激发态上去。例如,原子吸收频率为 ν 的辐射时,就会从低能态 E_1 跃迁到高能态 E_2。而从高能态(其能量为 E_2)跃迁到低能态(能量为 E_1)时,会向外发射某个波长(或频率)的光子(称为光辐射),频率 ν 满足:

$$h\nu = E_2 - E_1$$

式中,h 为普朗克常数。

2.2.2　光的受激吸收、自发辐射和受激辐射

　　爱因斯坦于 1916 年发表了《关于辐射的量子理论》,提出了激光理论的核

心基础——激光辐射理论。因此爱因斯坦被认为是激光理论之父。前述已提及，原子一般处在低能态，当外界给予一定的能量，原子会吸收能量跃迁到较高的激发态上去。在这些高能态的原子是不稳定的，停留的时间不可能太长，它们会自发地回到低能态，并辐射出光子，这称为自发辐射。

受激吸收，是指处于低能级的粒子当吸收一定频率的外来光能后会跃迁到高能级上。与受激吸收相对应的过程是受激辐射，即处于高能级的粒子，在一定频率的外来光子的作用下，跃迁到低能级上，同时发射一个与外来光子频率相同的光子。受激辐射的特点是：本身不是自发跃迁，而是受外来光子的刺激产生。因而粒子释放出的光子与原来光子的频率、方向、相位等完全一样，激光的发光机理正是受激辐射发光。

2.2.3 粒子数反转、增益介质和泵浦

原子体系中，在光和原子体系的相互作用中，自发辐射、受激辐射和受激吸收总是同时存在的。在热平衡状态下，处于低能级的粒子数目总是多于高能级的粒子数目，因此总体上受激吸收是比受激辐射占很大优势的，所以当粒子系统受到外来光子照射时，看到的大都是光的吸收现象。所以为了得到激光，必须使高能级的粒子数多于低能级的粒子数，实现粒子数反转(反分布)。激光产生的必要条件是粒子数反转。

怎样才能实现粒子数反转呢？这需要利用增益介质。所谓增益介质(也称为增益媒质)，是可以使某两个能级间呈现粒子数反转的物质。该物质可以是气体、固体或液体。而为了工作介质中实现粒子数反转，必须使用一定的方法去激励原子体系，达到上能级的粒子数增加的目的。一般有电激励、光激励、热激励、化学激励等方法。而泵浦或抽运就是各种激励方式的形象化称呼。为了达到不断输出激光的目的，就必须不断地"泵浦"来维持处于高能级的粒子数比低能级的多。

2.2.4 激光谐振腔

通过全反射镜可以实现光放大。在光学镜上镀上对受激辐射光的波长全反射的膜层，而当这种波长的光射在膜层上面，就立刻返回去了。前述已提及一个光子经过增益介质后会"刺激"一个同样频率的相干光子，这两个光子入射到镜面，就被挡了回来，再次经过增益介质，又"刺激"了两个新的相干光子，这样，两个变成四个，如此反复，就会变成很多个。这就是所谓的光放大。

　　当然，在增益介质两边的镜子不能都是全反射的，其中有一个必须有一定的透过率，以便让激光通过它透射出去。我们把两个起着反射和透射激光作用的而且相互严格平行的镜子构成的腔，称为激光谐振腔。它能够使某种波长的光得到放大，同时抑制其他方向和频率的光，而只让受激辐射的光子沿着固定的方向前进，来回反射放大并最终输出。这样，才能保证激光的单色性和方向性，如图 2-2 所示。

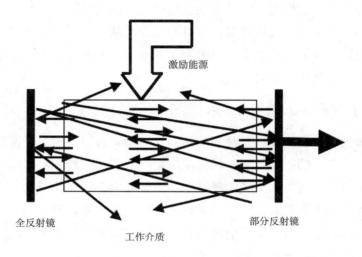

图 2-2　激光振荡反射示意图

　　在谐振腔中产生激光的过程可归纳为：激励→工作介质实现粒子数反转→偶尔发生的自发辐射→其他粒子的受激辐射→光子放大→光子振荡及光子放大→激光产生[13]。

　　此外，激光有如下特点：一是方向性好（定向发光）——激光的发散角小。与普通光源（太阳、白炽灯或荧光灯）向四面八方发光不同，激光的发光方向可以限制在很小的角度内。激光准直、导向和测距就是利用方向性好这一特性。例如，地球到月球的平均距离是 38.44 万千米，测月红宝石激光器发散角为 $\alpha=4\times10^{-5}$ mrad，直径为 1 mm 的激光射到月球上直径为 15.376 m。20 世纪 60 年代，美国实施登月计划，开始进行激光测月试验，即在月球上放置一反光板，从某天文台向其发射激光去测量地月距离。发射出去的镭射直径不到 1 cm，但是打到月球表面就变成一个直径约 3.2 km 的光斑了。二是亮度高、能量集中。

激光是当代最亮的光源，只有氢弹爆炸瞬间强烈的闪光才能与它相比拟。一台大功率激光器的输出光亮度比太阳光高出 7～14 个数量级，而功率最小($P=$ 1 mW)的氦-氖激光器的亮度约是太阳光的 100 倍。由于能量高度集中，很容易在某一微小点处产生高压和几万摄氏度甚至几百万摄氏度高温。激光打孔、切割、焊接和激光外科手术就是利用了这一特性。三是单色性好(颜色极纯)。光的颜色取决于它的波长。普通光源发出的光通常包含着各种波长，是各种颜色光的混合。太阳光包含红、橙、黄、绿、青、蓝、紫七种颜色的可见光及红外光、紫外光等不可见光。而某种激光的波长，如氦-氖激光的波长只是 632.8 nm，其波长变化范围不到万分之一纳米。由于激光的单色性好，为精密度仪器测量和激励某些化学反应等科学实验提供了极为有利的手段。四是相干性好。其主要由相同的光子进行受激辐射频率、传播方向、偏振等活动。相干性越好则光场中任取两点作光源所产生的干涉和衍射的条纹越清晰。空间相干性和时间相干性使得激光和灯泡之间存在差异(图 2-3)。当一盏灯向所有空间方向发射不相关的波列时，激光产生相干波，波具有很高的方向性。产生时空相干波的可能性有哪些？激光可以产生相干连续波或相干脉冲序列。产生可见光辐射的极端情况如下：

(1)连续波激光器(CW 激光器)发出连续的电磁波。磁场是空间和时间相干的。

(2)飞秒激光发射由脉冲序列组成的电磁波；脉冲串的单脉冲持续时间可短至 5 fs。脉冲序列的场也是空间和时间相干的。

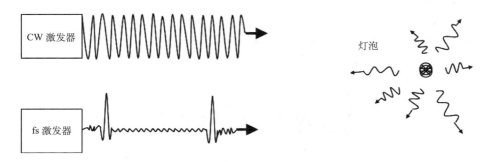

图 2-3　连续激光、飞秒激光和灯泡

2.3 激光相干性

频率相同，振动方向相同，相差恒定的两列波可以产生干涉现象。例如：将激光直接照在双缝上，可以产生干涉现象，且不需要单缝在双缝前[14]。激光在各个方向上都有振动是一种自然光，那为何激光还有相干性？本节就对激光的相干性进行简单的分析。

2.3.1 空间相干性

同一光源形成的光场中，时间相同地点不同的光之间的相干性为空间相干性。这个概念适用于扩展光源，可用相干面积来量度。假如扩展光源的面积为 $(\Delta L)^2$，在这个面积中各点发射出 λ 波长的光通过与光源距离为 R 同时与光传播方向垂直的平面上的两点，如果这两点位于相干面积 $A=(\lambda R \Delta L)^2$ 内，则称通过这两点的光为相干光[15]。所以当 R 一定时，光源的横向尺寸越小，相干面积就越大，空间相干性也越好。

由式 $b\beta=\lambda$（b 为条纹可见度为零时的光源宽度为光源的临界宽度，β 为干涉孔径角）可知，b 与 β 成反比关系。假如有一个特定尺寸的光源，就会产生一个特定相干空间。换句话说，如果穿过空间中两个点的光有空间相干性，那么穿过光波场横向方向上的这两点光在空间相遇时会发生干涉[16]。如图 2-4 所示，对于大小为 b 的光源，相应地有一干涉孔径角 β，在此 β 所限制的空间范围内，在垂直于光传播方向的横向上，任意取两点 S_1 和 S_2，它们作为被光源照明的两个次级点光源，发出的光波是相干的；而同样被光源照明的 S_1' 和 S_2' 次光源发出的光，因其不在 β 角的范围内，它们发出的光波就是不相干的。而在阴影线内的两个次级点光源，其形成的干涉条纹有很好的对比度。

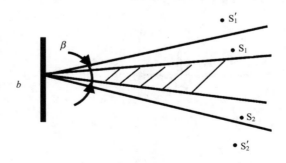

图 2-4 光的空间相干性

2.3.2 时间相干性

同一光源形成的光场中，地点相同时间不同的光之间的相干性为时间相干性。光的时间相干性的量度是相干时间 Δt，它取决于光波的光谱宽度。即

$$\Delta \max = c\Delta t = \frac{\lambda^2}{\Delta \lambda} \tag{2-1}$$

如果同一光源在相干时间 Δt 的不同时间发出的光在通过不同路径时相遇且能发生干涉，则该光的相干性称为时间相干性[17,18]。

由 $\lambda v = c$，得到波长宽度 $\Delta \lambda$ 与频率宽度 Δv 的关系

$$\Delta \lambda / \lambda = \Delta v / v \tag{2-2}$$

由上式得到

$$\Delta t \Delta v = 1 \tag{2-3}$$

一般单色性较好的激光器，相干时间为 $10^{-2} \sim 10^{-3}$ s；热光源约为 $10^{-8} \sim 10^{-9}$ s。上式表明 Δv（频率带宽）越小，Δt 越大，光的时间相干性越好[19]。所以相干长度（或波列长度）长，光谱带宽小，其单色性好，相干性越好。

2.3.3 光子相干性

一般情况下，对于光的相干性可以理解为：在不同的时刻、在不同的空间点上的光波场的某些特性的相关性[20]。为了把光子态相干性和光子相干性两个概念细化起来，下面对光源的相干性进行简单的讨论。

物理光学中证明，在图 2-5 中，由线度为 Δx 的光源 A 照明 S_1 和 S_2 两点的光波场有空间相干性的条件为

$$\frac{\Delta x L_x}{R} \leqslant \lambda \tag{2-4}$$

式中，λ 为光源波长。距离光源 R 处的相干面积 A_c 可表示为

$$A_c = L_x^2 = \left(\frac{R\lambda}{\Delta x} \right) \tag{2-5}$$

若用 $\Delta\theta$ 表示两缝间距对光源的张角，则式(2-4)可表示为

$$(\Delta x)^2 \leqslant \left(\frac{\lambda}{\Delta\theta}\right)^2 \qquad (2\text{-}6)$$

上式的物理意义是：假如要求传播方向限于张角 $\Delta\theta$ 之内的光波是相干的，则光源的面积一定要小于 $(\lambda/\Delta\theta)^2$，即光源的相干面积为 $(\lambda/\Delta\theta)^2$。也就是说，在面积小于 $(\lambda/\Delta\theta)^2$ 的光源面上产生光波，其张角在 $\Delta\theta$ 之内的双缝才有相干性。由相干体积定义，可得光源的相干体积为

$$V_{\mathrm{cs}} = \left(\frac{\lambda}{\Delta\theta}\right)^2 \frac{c}{\Delta v} = \frac{c^3}{v^2 \Delta v (\Delta\theta)^2} \qquad (2\text{-}7)$$

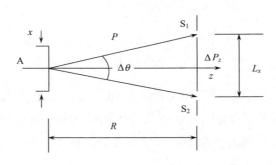

图 2-5　双缝干涉

由光子观点分析图 2-5 $(\Delta x)^2$ 的面积内限于立体角 $\Delta\theta$ 内动量为 $\boldsymbol{P}$ 的光子，已知光子具有动量测不准量，

$$\Delta P_x = \Delta P_y \approx |\boldsymbol{P}|\Delta\theta = \frac{hv}{c}\Delta\theta \qquad (2\text{-}8)$$

在 $\Delta\theta$ 十分小时，有

$$P_z \approx |\boldsymbol{P}|$$

$$\Delta P_z \approx \Delta|\boldsymbol{P}| = \frac{h}{c}\Delta v \qquad (2\text{-}9)$$

假如这些动量测不准量的光子都处于同一相格之内，也就是在一个光子态，

那么从上面的式子得出光子占有的相格空间体积为

$$\Delta x \Delta y \Delta z = \frac{h^3}{\Delta P_x \Delta P_y \Delta P_z} = \frac{c^3}{v^2 \Delta v (\Delta \theta)^2} = V_{cs} \tag{2-10}$$

　　从光子的层面理解，即在同一状态的光子的光波是相干的，不同状态的光子的光波是不相干的。上述表达式证明，相格的空间体积与相干体积相等，可以理解为假如光子在同一光子态，那么它们也都在相干体积的范围之中。

　　普通光源因为有很大的 Δv，相应的 Δt 就很短，所以不具备时间相干性。且原子以自发辐射形式发光，各原子发出的光子在发射方向、频率和初相位上都是不相同的[21,22]，即光源不同位置发出的光各不相同，不具备空间相干性；对于以上分析可知，普通光源发出的光不是干涉光。

　　对激光器进行分析，最初光波的空间是不相干的，但光波在激光器中不断地在衍射孔边缘来回反射，且光的衍射不断扩散，不仅向外同时也向内发射光束。即从光束截面上各点发出的光线可以在衍射孔上互相混合，将原来的一束光变成了几束光。经过多次衍射后，光束截面上的一个点的光，不只与原光束的一个点有关联，而是与整个截面都有联系。这就建立了光束的空间相干性，光波就成为空间相干，因为此时截面上各点都是相关联的。所以尽管激光是自然光，振动方向向各个方向都有，但并不影响激光的空间相干性。激光器能发射单色性很好的激光，激光有非常小的 Δv，和普通光的 Δv 相比要小很多。所以激光的相干时间 Δt 很大，也就表明激光有很好的时间相干性[23]。

2.4　光源亮度

2.4.1　激光光源概述

　　激光光源是利用激发态粒子在受激辐射作用下发光的电光源，是一种相干光源。激光光源由工作介质、泵浦激励源和谐振腔三部分组成[24]。工作介质中的粒子(分子、原子或离子)在泵浦激励源的作用下，被激励到高能级的激发态，造成高能级激发态上的粒子数多于低能级激发态上的粒子数，即造成粒子数反转[25]。粒子从高能级跃迁到低能级时，就产生光子，如果光子在谐振腔反射镜的作用下，返回到工作介质而诱发出同样性质的跃迁，则产生同频率、同方向、同相位的辐射。如此靠谐振腔的反馈放大循环下去，往返振荡，辐射不断增强，最终即形成强大的激光束输出。

2.4.2 激光光源特点

激光光源具有下列特点：

(1)单色性好。激光的颜色很纯，其单色性比普通光源的光高 10 倍以上。因此，激光光源是一种优良的相干光源，可广泛用于光通信。

(2)方向性强。激光束的发散立体角很小，为毫弧度量级，比普通光或微波的发散角小 2～3 个数量级。

(3)光亮度高。激光焦点处的辐射亮度比普通光高 10～100 倍。

激光光源的主要优势为亮度高、色彩好、能耗低、寿命长且体积小。同时具备这五种优势的光源只有激光光源，LED 光源虽然也具有体积小、寿命长、效率高等优点，但是在亮度上很难突破。当然，目前激光这些优势还没有办法完全展示，因为激光光源的成本较高，另外在实现彩色显示时，绿色光源亮度、寿命与红蓝两色不匹配的技术瓶颈也限制其进一步应用[26]。

2.4.3 激光光源亮度

所谓亮度，实际上，是面亮度的简称，是光源表面单位面积在一定方向上发出的光功率[27]。光源在某个方向上的亮度定义为

$$L = \frac{\mathrm{d}\varphi}{\mathrm{d}\Omega \cdot \mathrm{d}s \cdot \cos\theta} \tag{2-11}$$

式中，$\mathrm{d}\varphi$ 是发光面的面积元 $\mathrm{d}s$ 在与该面元的法线成 θ 角的方向所张的立体角 $\mathrm{d}\Omega$ 内发送出的光通量，也即光功率或单位时间内发送出的光通量。因此，亮度是表征发光面在一定方向上的辐射能力的一个物理量。光束的立体角越小，光源的亮度就越高；发光时间越短，亮度就越高。一般来说，光源的亮度与光源表面的性质有关，与辐射的方向有关。

组成光辐射的光子集合可以分别处于不同的状态，处于每个状态内的光子数是随时间改变的，但对一定的辐射而言，每个状态的光子数的平均值却是一定的。我们把一个状态内的平均光子数叫作光子简并度或光子集居数[28]。对任意的光辐射而言，光子在不同状态内的分布情况是由光源的特性或光与物质相

互作用而定的。例如黑体辐射，是光辐射与物质相互作用，处于热平衡状态的一种辐射，光子按不同状态的分布服从普朗克公式[29]。激光是一种准平衡，准单色的行波辐射，它与黑体辐射截然不同。

通过测不准关系[30]，我们可以得到，一个光子状态在相空间所对应的体积元为 h^3（h 是普朗克常数），计算表明，对于发射角等于 $\Delta\Omega$、频率在 $\gamma+\Delta\gamma$ 范围的准平行、准单色激光束，在 Δt 间隔内流过垂直于传播方向任意一个参考平面 Δs 内的光子集合所具有的状态数为

$$g = \frac{2\gamma^2}{C^2}\Delta\Omega\Delta s\Delta\gamma\Delta t \tag{2-12}$$

另一方面，对平均功率为 P 的这一束光子集合来说，在 Δt 间隔内流过这同一参考平面 Δs 的平均光子数为

$$N = \frac{P\Delta t}{h\nu} \tag{2-13}$$

式中，ν 是激光光子功率。于是得到准平衡、准单色行波辐射单个状态内的平均光子数为

$$n = \frac{N}{g} = \frac{C^2}{2h\nu^3}\cdot\frac{P}{\Delta\Omega\Delta S\Delta\nu} \tag{2-14}$$

而

$$B = \frac{P}{\Delta\Omega\Delta S\Delta\nu} \tag{2-15}$$

就是激光的单色亮度，即单位截面、单位立体角和单位频宽的激光功率。于是式 (2-15) 化为

$$B = \frac{2h\gamma^3}{C^2}n \tag{2-16}$$

式中，n 也称光子简并度。从波场的观点看，窄光束就是一个单一波型，在该光束内的光子均处于同一量子状态。式 (2-16) 的物理意义是：光子简并度与单色亮度相当，光子简并度越高，激光辐射的频率越高，激光的单色亮度就越

高[31]。从能量角度看这是容易理解的：辐射频率越高，单个光子的能量$(e = h\nu)$越大；简并度越高，即窄光束内的相同光子就越多，因而输出的总能量就越大。式(2-16)把激光的亮度同光子频率和光子简并度从量的方面联系了起来，亮度高是激光的一个重要表观特征，而光子简并度高才是实质。因此，我们认为由亮度高可以推出光子简并度高的看法在物理上是不妥的。物理公式只是从量上表示一些物理量之间的关系，必须深入对物理量本身的含义并加以研究才能正确理解公式的物理意义。

2.4.4　激光亮度调节

激光亮度的调节是通过激光工作电压的调节实现的。为了适应不同颜色和材质的被测物体，可以通过软件控制激光的电源输出电压以获得不同亮度的激光光束[32]。其调节原理为：在单片机上添加一个激光亮度调节装置，可以通过输出脉冲宽度调制(pulse width modulation, PWM)信号以实现激光强度的调节。在电源电压范围内调节激光器的电源电压，该过程中，利用电荷耦合器件(charge coupled device, CCD)摄像机拍摄一系列图像，并传送给计算机，评价此张图片上激光光束的质量，再根据评价结果改变激光的电源输出电压，使激光亮度最适合该表面的材质和颜色，从而提高特定环境下光束中心的提取精度。

参 考 文 献

[1]　范岱年, 赵中立, 许良. 爱因斯坦文集. 北京: 商务印书馆, 1977: 335-355.

[2]　Tolman R C. Duration of molecules in upper quantum states. Phys Rev, 1924, 23: 693-695.

[3]　Einstein A. Zur quantentheorie der strahlung. Physikalische Zeitschrift, 1917, 18: 121-128.

[4]　Steen W M. Laser Materials Processing. 2nd Ed. Berlin: Springer-Verlag, 1998.

[5]　Kastler A. Applications of polarimetry to infra-red and micro-wave spectroscopy. Nature, 1950, 166: 113.

[6]　Bertolotii M. Masers and Lasers: An Historical Approach. 2nd Ed. Boca Raton: CRC Press, 2015: 89-91.

[7]　Boyd R, Charles H. Townes（1915—2015）. Nature, 2015, 519: 292.

[8]　The NOBEL PRIZE. The Nobel Prize in Physics 1964. [2020-04-20]. https: //www. nobelprize. org/prizes/physics/1964/summary/.

[9] Schawlow A, Townes C H. Infrared and optical masers. Phys Rev Lett, 1958, 112: 1940-1949.

[10] Maiman T H. Stimulated optical radiation in ruby. Nature, 1960, 187: 493-494.

[11] Cassidy M C, Bruno A, Rubbert S. Demonstration of an ac Josephson junction laser. Science, 2017, 355: 939-942.

[12] 尤炜轩. 激光和激光器的初步研究. 中国设备工程, 2018, (2): 204-205.

[13] 宋峰, 刘淑静. 激光基础知识. 清洗世界, 2005, 21(3): 31-34.

[14] 姚启钧. 光学教程. 北京: 高等教育出版社, 2005.

[15] 朱自强. 现代光学教程. 成都: 四川大学出版社, 1990.

[16] 俞宽新. 激光原理与激光技术. 北京: 北京工业大学出版社, 2008.

[17] 陈钰清, 王静环. 激光原理. 杭州: 浙江大学出版社, 2002.

[18] 王继红. 光的时空相干性. 北京石油化工学院学报, 2002, 8(2): 12.

[19] 张兵临. 激光的高亮度与相干性. 四川激光, 1982, (2): 43-46.

[20] 范安辅. 光子简并度的物理意义. 四川激光, 1980, (2): 36-40.

[21] 石顺祥, 张海兴, 刘劲松. 物理光学与应用光学. 西安: 西安电子科技大学出版社, 2000.

[22] 母国光, 战元龄. 光学. 北京: 高等教育出版社, 2009: 7.

[23] 周炳琨, 高以智. 激光原理. 北京: 国防工业出版社, 2009: 1.

[24] 陈柏众, 戴特力. 光泵浦半导体垂直外腔面发射激光器的原理与应用. 重庆师范大学学报(自然科学版), 2008, 25(3): 62-65.

[25] 牧其尔, 萨楚尔夫, 张冬霞. 多光子反 Jaynes-Cummings 模型中混合态二能级原子的粒子数反转特性. 原子与分子物理学报, 2011, 28(4): 710-716.

[26] 许礼强. 基于激光远程激发荧光粉(LARP)技术的新型白光光源研究. 深圳: 深圳大学, 2015.

[27] 华中工学院激光科研组. 激光技术简介: 第四部分 激光应用. 华中科技大学学报(自然科学版), 1976, (2): 124-132.

[28] 黄仙山. 动静态结构库中原子自发辐射的理论研究. 上海: 同济大学, 2007.

[29] 王忆锋. 论光子分裂视角下的宇宙观(中). 红外, 2017, 38(4): 6-11.

[30] 李祚泳, 邓新民. BP 网络的过拟合现象满足的测不准关系式. 红外与毫米波学报, 2000, 19(2): 142-144.

[31] 杨齐民. 高的光子简并度是激光的本质. 激光杂志, 1980, (4): 39-42.

[32] 梁勖, 游利兵, 王涛, 等. 实时调节工作电压实现稳定准分子脉冲能量. 中国激光, 2010, 37(2): 374-378.

第 **3** 章

分子自组装微纳结构中的光学微腔效应
与受激辐射过程

　　有机材料可以根据分子间的弱相互作用自组装成具有明确尺寸和形状的微结构，这些微结构可作为自然形成的光学微腔，从而将光限制在这些有机介质中。此方法操作简便、成本低，优于传统的自上而下刻蚀方法，为光学微腔的构建提供了一条新的途径。更重要的是，当有机分子含有发光发色团时，这些自组装形成的光学微腔就可以用作微型激光器。有机微型激光器具有激发态过程丰富、光学增益系数大等优点，可以在紫外到近红外的宽光谱范围内发射强的相干光信号，这在芯片光学信息处理、高通量光学传感等领域具有巨大的应用潜力。本章总结有机自组装微腔和微型激光器的研究领域，重点介绍低阈值、多色输出、宽带可调谐和易于集成的有机微型激光器的结构与性能关系。

3.1　引言

　　有机分子材料在构建柔性显示器、电子鼻和人造皮肤等新型光电器件方面很有前景。分子材料优异的化学可裁剪性使得我们能够设计合成高性能的有机半导体，在固态聚集体中研究电荷传输和发光性质[1]。当通过控制弱相互作用（如范德瓦耳斯力、π-π 堆积和氢键）来控制分子的自组装时，可以得到线状、棒状和立方状等多种形状的微晶。其中一些微晶的表面非常光滑，这可以降低晶体/空气界面的光散射，因此，它们可以将有机化合物发射出来的光限制在其微观体积内[2]。由发光分子组成的有机微晶可以在荧光显微镜下观察到有趣的光波导现象[3]。如图 3-1(a) 所示，一维(1D)有机晶体发射的荧光被限制在晶体内部并被引导到晶体的末端(类似于微型光纤)，因此尖端显示出比体内更亮的斑点[4]。如果晶体末端的截面足够平坦，能够将光反射回晶体中，那么它就可以用作光学微腔，其被称为法布里-珀罗(Fabry-Pérot)微腔(即 FP 微腔)。有机晶体发光性质主要由其中的发色团决定，并且可以通过化学结构修饰进行大幅度调控，甚至可以在一个系统中混合蓝色和橙色发色团而实现白光发射[图 3-1(b)][5]。

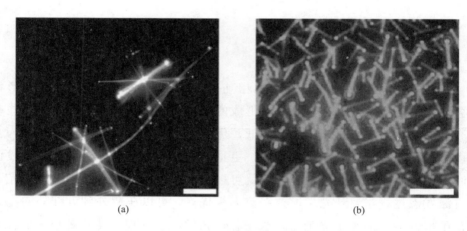

(a)　　　　　　　　　　　　　　　(b)

图 3-1　有机微晶的光学显微镜成像

(a)单组分；(b)双组分。标尺为 10 μm

结合了上述两个特性(光限域和发光性质)的有机微晶，满足了实现激光所需要的谐振腔和增益介质这两个要求，这为实现微型激光器提供了巨大的可能性。近年来，越来越多的研究致力于发展低阈值、多色输出、宽带可调谐、易于集成的有机微型激光器[6]。回顾用于激光研究领域的有机自组装微腔非常重要，这将有助于人们深入理解分子结构与激光性能之间的关系，以及推动有机纳米光子学材料和器件的未来发展[7]。在本章中，我们将总结基于分子自组装加工方法的小型化光学微腔的研究进展，并着重介绍它们在激光中的应用。π共轭分子间弱的相互作用使得设计微腔结构成为可能，其中激发态增益过程涉及激光和其他集成光子学应用。有机发光分子利用了准四能级激发态的动态增益过程，这些过程可以通过振动亚能级、电荷转移、质子转移或激基复合态来引入。通过分子/晶体工程和外界激励对这些激发态过程进行调控，有机微晶可以表现出大的光学偶极跃迁和强的主动增益行为，这可用作高性能微型激光器。此外，在有机-金属微结构中成功实现了基于可控自组装和可调谐激光性能微型激光器的有效耦合输出，这显示出构建集成光子电路的巨大潜力，如图 3-2 所示[8]。

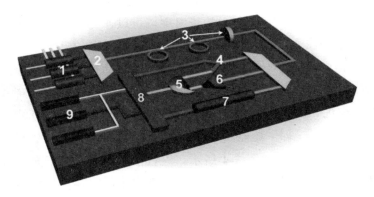

图 3-2　用于信息处理的未来光子电路示意图

主要包括：1.光源；2.多路选择器；3.调制器；4.路由器；5.逻辑门；6.晶体管；
7.传感器；8.定向耦合器；9.光电转换器

　　本章将按如下方式阐述：首先，综述有机微型激光器中微腔谐振器和能级增益的研究进展。接下来，介绍一些利用分子聚集体构建微腔结构的策略，以及如何利用激发态行为优化激光性能，重点突出具有先进光子学功能的有机微型激光器复合结构，其作为主要单元将在集成纳米光子学中有着广阔的应用前景。最后，分享我们对有机微腔和微型激光器研究领域挑战和机遇的看法。我们相信，以集成光子学应用为导向调控激发态过程和微腔结构，将促进具有理想性能的小型化激光器的发展。

3.2　有机微腔激光器发展过程

　　有机材料具有宽的发射带和高的发光效率，是小型化激光系统中理想的光学增益材料。事实上，早在 1967 年及 1972 年，分别在染料掺杂的聚合物和在分子晶体中实现了光学驱动的激光发射。有机固态激光器可产生高机械柔韧性及可加工性的高度可调谐相干光源，这引起了人们强烈的研究兴趣[9-15]。特别是在发现基于有机半导体的二极管可产生电致发光后，共轭聚合物和分子晶体便被用于构建微腔激光器，并被考虑用于电泵浦有机激光器。虽然有机激光二极管还没有被证实，但激光显示板、激光传感器阵列等有着广阔应用前景的领域仍然依赖于有机激光的发展。有趣的是，有机纳米材料具有规则的形状和比周围环境(空气、介质基底等)更大的折射率，可以作为低损耗波导和高质量的微型谐振器，这对于实现低阈值微型激光器是至关重要的。

如图 3-3 所示，由于微腔结构中受激辐射过程的存在，微型激光器可以产生强相干光，这在光学通信、光学传感、三维(3D)成像和数据存储等领域具有潜在的应用。例如，基于晶体设计的一维(1D)纳米线和二维(2D)纳米盘表现出形状可控的微腔效应，即一维结构通常充当法布里-珀罗谐振器，而二维结构则可作为回音壁模式微腔，如图 3-4 所示。这些微小尺寸的相干光源对于光子集成电路的发展是必不可少的，它可以克服硅基电子电路存在的散热和并行处理速度限制问题。20 世纪 80 年代，基于 GaAs 量子阱制备了第一台尺寸接近光学波长的微型激光器[16]。此后，研究者们广泛探索了多种可见光波长范围内的光学材料以构建这种微型激光器。几十年来，无机半导体在发展高性能微型激光器方面取得了很大进展，但其机械柔性、加工成本和可调谐性有待进一步提高，此外，通过对其材料的形状和尺寸的调控，微腔的研究也需要进一步的探索。

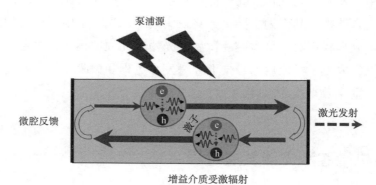

图 3-3　附有泵浦源、微腔反馈及增益介质受激辐射的微型激光器示图

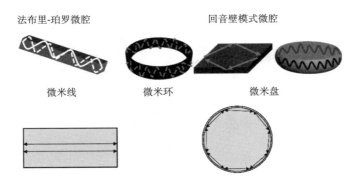

法布里-珀罗微腔　　　　　回音壁模式微腔

微米线　　　　　　微米环　　　　　　微米盘

图 3-4　有机微型激光器典型的 FP 微腔和回音壁模式微腔结构

　　自 2000 年以来，由于有机发光材料在制备低阈值激光器方面的柔性集成和宽调谐特性，人们在有机微型激光器的构建中付出了巨大努力。与无机微型激光器相比，有机微型激光器具有化学多功能性、制备简单、激发功率低、可调谐发射范围宽等优点，这使其在下一代芯片集成的相干光发射器件中具有广阔的应用前景。有机半导体中的光发射通常来自于自由载流子能级以下的激子态（激子结合能约为 1 eV），而不是无机体系中自由载流子或松散结合的电子−空穴对的复合[17]。就此而言，有机激光器的物理特性与无机激光器大不相同。例如，在有机体系中，电子交换相互作用增强（0.1～1 eV）、单重态和三重态电子结构之间转换禁阻，而不发光的三线态是难以实现有机电泵浦激光的重要原因之一。为此，人们基于大量有效的激发态增益过程对有机微腔激光器的结构−性能关系及其独特的激光特性进行了大量的研究，使其能被充分理解。一般来说，有机染料分子光激发产生准四能级结构对实现受激辐射所要求的粒子数反转是有利的，即使得激发态的布居数大于基态。此外，染料分子大的斯托克斯位移可进一步减少重吸收带来的光损失。更重要的是，一些独特激发态如电荷转移激子和激基复合物的引入可以基于双/多重激发态的协同增益过程实现微型激光器的宽带可调。事实上，许多研究表明在有机材料体系中已经实现了低阈值的激光行为。

　　我们已经专注于有机微腔和微型激光器十余年，为自组装微型激光器开发了一系列有机增益材料，覆盖了从紫外到近红外的宽光谱范围，如图 3-5 总结所示。在这些系统中，我们系统地研究了微腔结构、激发态过程和激光性能，并试图将这些问题联系起来以揭示有机纳米光子学材料和器件中的光化学和光物理基本问题。我们发展了液相和气相两种方法来制备规则尺寸和形状的分子微晶，并测量了它们作为光学微腔的性质。随后，在这些微腔结构中引入了有趣的激发态过程，从而观察到独特的尺寸依赖的光学增益特性。通过将光学增益与微腔特性相结合，我们制备了有机微腔激光器，并将其整合到混合结构和集成阵列中，实现了功能性纳米光子学器件的构建[18]。

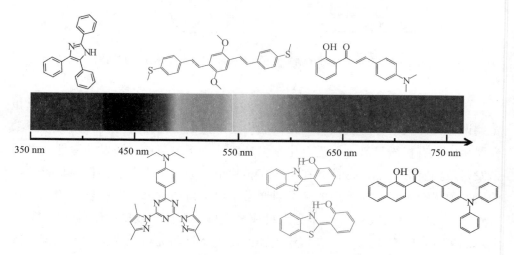

图 3-5　在宽光谱范围构建微型激光器的一些分子结构示例（见文末彩图）

3.3　有机微腔的可控自组装

　　光学腔体和增益材料是激光器的基本元件。增益材料可以通过受激辐射放大入射光，即外来光子诱导激发态能级通过辐射跃迁以产生相同光子。同时，腔体结构为特定波长的辐射光提供选择性反馈，以减少光损耗并增强光放大性能。光学腔体的性能通常由品质因子（Q 因子）来描述。较高的 Q 因子表示相对于光腔中存在的光子而言，损失的光子较少，即光在发射出光腔之前可以传播较长的时间。在商业化的宏观激光器中，增益介质和光学腔体是两个独立的部分，比如氩离子激光器中的气体管和两个平行的反射镜。发光分子因其宽的发光范围和高的量子效率而被用作增益介质，它们被集成到外部光学腔体[如分布式布拉格反射镜（distributed Bragg reflection，DBR）]中，以制备薄膜激光器件。

对于微型激光器来说，如何构造出制备简单、性能优良的光腔成为关键问题。在具有规则形状的有机微结构中，界面分明的材料/空气界面将分子的光辐射反射，以此将光子限制在微结构内部。例如，一维微结构的端面可以作为氩离子激光器的反射镜，提供法布里-珀罗型光学谐振来构建微型激光器。因此，一维结构中端面的平整性对于实现高 Q 因子微腔(图 3-6)和低阈值微激光器至关重要。

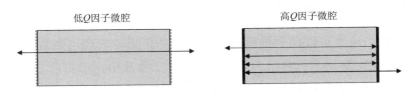

低 Q 因子微腔　　　　　　　　　　高 Q 因子微腔

图 3-6　低 Q 因子和高 Q 因子的 FP 微腔

有机 π 共轭分子通过分子间的弱相互作用，包括 π-π 堆积、范德瓦耳斯力、氢键等，可以自组装成从亚微米到数百微米的一维和二维微结构[1]。这可以通过液相或气相制备，而形貌在很大程度上取决于分子结构及制备条件。一般来说，单向的分子间作用力促使分子聚集成一维结构，起到法布里-珀罗微腔的作用。更有趣的是，当两种分子间作用力相互作用并相互平衡时，两个方向上的分子堆积会形成二维结构并构成回音壁模式的谐振腔。此外，有机纳米材料良好的机械柔性提供了通过外部驱动力将一维分子结构绕成微环的可能，这也是构建回音壁模式谐振腔的一种较为特别的方法。

一些激光染料需要特定的分子结构，而这些分子结构不能(或不容易)聚合成一维或二维结构。更普遍的方法是将这些染料分子与聚合物混合，通过溶液处理策略如喷墨打印、静电纺丝和压印制成各种染料掺杂的柔性微结构。这些聚合物微腔显示出比分子微晶更高的 Q 因子，并且增益光谱范围可以有效地从紫外(UV)波段扩展到近红外(NIR)波段。染料掺杂的聚合物以固溶体的形式存在，这可以避免染料在分子聚集体中发生的光致发光猝灭效应。例如，π 共轭的苯乙烯衍生物 1,4-均二苯乙烯(DSB)是一种优良的增益介质，可发射出强烈蓝色荧光，在单体溶液中量子产率接近 100%，在晶体中，其荧光效率降低至约 65%[19]。然而，染料掺杂的微型激光器通常没有微晶激光器稳定，且其增益系数较低，因此需要有更高的泵浦强度。

在本节中,我们将介绍构建含有有机染料的一维法布里-珀罗模式和二维回音壁模式自组装微腔的基本概念和重要策略。此微腔可用于实现低成本、高度可调、多功能性和低阈值的微型激光器。构建方法有再沉淀、外延生长、模板辅助及气相沉积等,其中分子的自组装行为是至关重要的。通过改变分子结构来调节分子间相互作用,有机微观结构可在很宽的光谱范围内为微型激光器提供高光学增益和高 Q 因子微腔。

3.3.1 用于法布里-珀罗微腔的自组装有机微/纳米线

有机微/纳米线可以在一维范围内限制光的传播,表现出高效的光波导特性。因此,有机微/纳米线被认为是构建柔性光子集成电路的要素之一。这种限制效应和平整端面的光反射进一步增强了微腔性能来产生激光行为。人们探索了多种方法,特别是液相自组装,来制备这些线状结构。更重要的是,也系统地研究了含有有机微结构激发态的微腔性质。在前期工作中,我们报道了一种基于分子间相互作用诱导溶液自组装可控制备的典型 FP 型纳米线谐振腔[20]。如图 3-7(a)所示,共轭的双光子荧光染料 2-[4-(二乙氨基)苯基]-4,6-双(3,5-二甲基吡唑)-1,3,5-三嗪(DBPT)分子可采用溶液自组装法制备成一维纳米线。在体系中,表面活性剂十六烷基三甲基溴化铵的水溶液在超过其临界胶束浓度时将形成球状胶束,胶束内部的烷基链提供了一个憎水环境,从而实现对有机分子的增溶效应。DBPT 分子的引入诱导表面活性剂胶束模板从球形转变成棒状。在分子间 π-π 相互作用和胶束模板的限域效应的协同作用下,驱动 DBPT 分子沿 c 轴方向有序堆叠[图 3-7(a)],并最终形成具有光滑表面和平坦端面的纳米线结构[图 3-7(b)]。通过改变表面活性剂浓度,可以有效地控制纳米线的长度

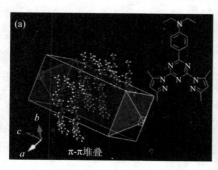

图 3-7　(a)DBPT 分子通过 π-π 相互作用沿 c 轴生长的一维形貌; (b)DBPT 纳米线的显微镜图像,内部插图为单根纳米线的波导图像

和宽度。此一维纳米结构的平整的两个端面，可用于有效地反馈和限域波导荧光[图 3-7(b)内插图]，这有助于反射和限制光致发光的传输以形成高质量的 FP 微腔。

一维结构的微腔性能依赖于材料与环境折射率比值决定的端面反射。有机化合物的折射率通常相对较低(约为 1.5)，仅略高于空气(约为 1)。在这种情况下，在线状结构的两端将发生光的泄漏，从而限制了微腔的 Q 因子(通常有机微/纳米线微腔的 Q 因子<100)。Q 因子被定义为激光波长与相应线宽的比值，因此有机微/纳米线激光器的激光峰通常不如半导体纳米线激光器的激光峰尖锐[21,22]。

3.3.2　用于回音壁型谐振腔的有机微环和微盘

高 Q 因子微腔是设计分子间相互作用以实现低阈值激光行为的关键。避免有机微/纳米线中光传输端面泄漏的一种有前景的方法是：通过连接两个线端，形成光传输的二维限域，即构建有机微环或微盘中的回音壁模式谐振腔。在这种情况下，光发射将受到二维结构边界处内反射的强烈限制[23,24]。尽管回音壁模式微腔显示出具有高 Q 因子(>1000)的优越性，但与上述有机微/纳米线相比，环形或盘状微结构的构建更具有挑战性。基于有机分子的柔韧性和溶液可加工性，我们已经开发出了几种制造这种微结构的策略。下面对其中液相自组装和溶液打印两种方法进行阐述。

分子自组装不同于传统自上而下的光刻技术，是一种简便、低成本的微腔构建方法。为了制备微环作为回音壁型谐振腔，需要考虑分子聚集体的机械柔韧性，否则只能获得平直的微结构。此外，也需要外力将一维聚集体弯曲成无接合点或缺陷的环形结构。在组装过程中，除了分子间的相互作用外，疏水/亲水性质和界面张力等外部因素也可能起到重要作用。

基于界面张力诱导的自组装，我们利用具有高结构柔韧性的模型化合物1,5-二苯基-1,4-戊二烯-3-酮(DPPDO)可控制备了高质量的回音壁模式微环[25]。DPPDO 具有沿 c 轴一维优先生长的趋势。如图 3-8(a)所示，我们在基底上用水滴引入界面张力，DPPDO 分子则优先在水滴边缘成核，水滴在此处相当于环形模板。分子间相互作用和界面张力将共同驱动成核聚集体进一步结晶生长成微环结构。为了克服材料种类选择的局限性，我们在聚合物基质中掺杂发光染料，利用聚合物的高柔性来促进圆形微结构的组装行为。如图 3-9 所示，聚合物(聚苯乙烯，polystyrene，PS)和溶剂之间的界面张力可驱动球形胶束的形成，通过可控地蒸发和挤压含有这些球形胶束的乳液,使用乳液-溶剂蒸发的方法来制备微盘[26]。所制备的微盘是良好的回音壁模式谐振腔($Q=1\,000\sim10\,000$)，可用于实现掺杂染料分子的激光行为。

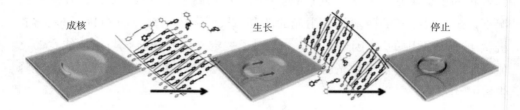

成核　　　　　　　　　生长　　　　　　　　　停止

图 3-8　水滴的界面张力诱导 DPPDO 分子自组装成微环的机理

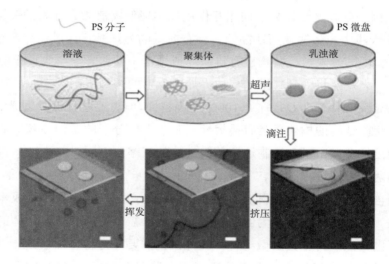

图 3-9　掺杂有机激光染料的聚合物微盘自组装示意图

有机分子在基底上的分布是随机的，所以通过上述自组装行为实现有机微腔的大规模图案化是一个巨大的挑战。使用机械微加工法也可以将多个微结构组合在一起显示出耦合的光学腔体特性，但其加工效率相当有限且对自组装结构的损伤无法完全避免。因此，我们开发了一种溶液打印策略来实现染料掺杂聚合物回音壁模式微腔的大面积图形化。我们采用有机电子学中的喷墨打印技术并将其与有机微腔的自组装加工结合了起来[27]。如图 3-10(a)所示，在聚合物表面程序化印刷溶剂液滴，溶解了的聚合物自发地通过咖啡环效应组装在液滴边缘，以此可控制备回音壁模式微环谐振腔。上述印刷法制备的微环显示出超光滑的表面和清晰的环形结构[图 3-10(b)]，这可以减少光波散射和光波导的损耗。此印刷结构可实现对光子的有效限域，作为高 Q 因子微腔表现出回音壁模式光学共振。单个微环的透射谱显示出一组离散的共振模式，具有极其深窄的倾角，这便是其强回音壁模式微腔效应的体现（$Q{\approx}100\ 000$）[图 3-10(c)]。这种图案化的高 Q 因子微腔可以极大增强光与物质的相互作用，拓展有机微型激光器在集成光子器件（显示器、多路复用器、光学存储器等）中的应用。

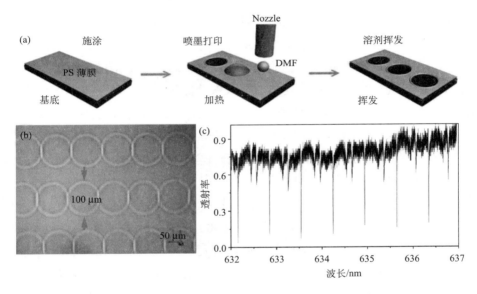

图 3-10　(a)图案化的有机微环溶液打印工艺示意图；(b)印刷微环阵列的显微镜图像；(c)单
个微环的透射光谱

3.4　有机微腔中的激发态过程

　　除了自组装微腔的上述特性外，有机材料也被认为是在相对较低泵浦功率下实现受激发射的有益增益介质。发光分子的光学增益通常伴随着各种有效的激发态过程，这在有机光化学中已有阐述。通过在有机微腔中引入这些光激发过程，可能会发现实现粒子数反转的潜在方法并控制有机微型激光器独特的增益行为。此外，这些激发态过程对分子结构及化学环境很敏感，这给了我们从分子/晶体工程以及外部刺激来调节这些增益过程的可能。这些激发态过程包括振动耦合跃迁、激发态二聚体的形成、分子内质子转移和电荷转移，这对于实现低阈值和/或可调谐有机微型激光器至关重要。

3.4.1　准四能级有机微型激光器

有机增益材料中的准四能级系统在降低泵浦阈值以实现激光行为方面至关重要，这通常是通过耦合了振动亚能级的基态与激发态间的电子跃迁实现的。电子激发存在两个光化学基本原理：富兰克-康顿原理(Franck-Condon principle)指出电子从一种能量状态到另一种能量状态的跃迁速度很快，以至于可以认为所涉及的原子核在跃迁过程中是静止的，即振动亚能级间为垂直跃迁；而卡沙规则(Kasha's rule)要求光发射仅能从给定的电子多重度的最低激发态以可观的产率发生，即光发射必须从激发态的最低振动能级开始。如果电子振动能级表示为 $|0\rangle,|1\rangle,|2\rangle$，…，则发光分子的光发射应出现在一对振动能级上($|0\rangle$ 到 $|1\rangle$，$|0\rangle$ 到 $|2\rangle$，…)，这对于构建四能级激光系统是有利的。

如图 3-11(a)所示，自组装的 2, 4, 5-三苯基咪唑(TPI)分子纳米线显示出高效的光波导性能，这是典型的 FP 型微腔性质[4]。图 3-11(b)中的吸收和发射光谱表现出明显的振动跃迁，以 $|0\rangle$ 到 $|1\rangle$ 发射带为主并与无机增益材料(约 700 cm^{-1})相比显示出相对较大的斯托克斯位移(约 5900 cm^{-1})。如图 3-11(c)所示，斯托克斯位移在光学增益范围内降低了再吸收损耗，并提供了在振动亚能级间实现粒子数反转的准四能级图像。基于准四能级增益过程和微腔效应，TPI 纳米线可以在相对较低的激发功率下用作低阈值有机微型激光器。其紫外波段激光发射源自于 $|0\rangle$ 到 $|1\rangle$ 发射带的跃迁[374nm，图 3-11(d)]。

3.4.2　用于双波长有机微型激光器的激发态二聚体

激发态二聚体(激基缔/复合物)是一种短寿命的二聚体或异二聚体分子，由一个基态分子和一个激发态分子相互作用形成，其能级通常不同于单分子的激发态。激光染料分子的激基缔合物也能由激发态和基态分子键连而成，可以与单体激发态一起经历其独特的四能级过程。激基缔合物的宽发射带提供了一个实现宽带、可切换、双波长发射激光器的理想平台。双波长/多波长可切换微型激光器是并行信息处理和多色显示/检测必不可少的器件。对于具有窄的光增益带宽的传统增益材料而言，实现宽带波长可切换有机微型激光器是一个巨大挑战。

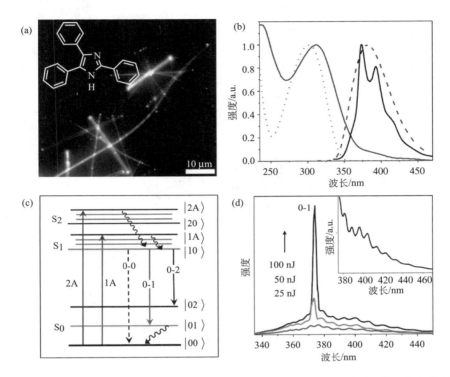

图 3-11　(a) TPI 纳米线的荧光显微图像；(b) TPI 单体(虚线)和纳米线(实线)的吸收光谱(灰线)
和发射光谱(黑线)；(c) TPI 纳米线和其他准四能级有机微型激光器的典型准四能级跃迁图；
(d) TPI 纳米线功率依赖的激光光谱

　　我们制备了 4-(二氰基甲基)-2-甲基-6-(4-二甲氨基苯乙烯基)-4H 吡喃
(DCM) 掺杂的自组装聚合物微球，利用其分子单体和准分子激发态的协同增益
过程实现了双波长可切换微型激光器的制备[28]。如图 3-12 (a) 所示，激基缔合
物是由受激分子与附近的未被激发的分子结合而成，所以激基缔合物和单体的
相对布居数对分子间距离十分敏感，这使得通过改变染料掺杂浓度来调节增益
行为成为可能。因此，随着染料浓度的增加，激光行为由单体发射转变为激基
缔合物发射 [图 3-12 (b)～(d)]，在宽光谱范围(约 100 nm)内显示出高度可切
换激光发射。

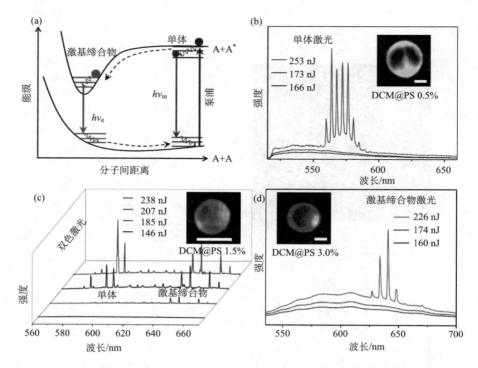

图 3-12 （a）有机激基缔合物和单体的激发态过程；（b）～（d）单体和掺杂了不同浓度（质量分数）DCM 染料的聚苯乙烯微球中激基缔合物的波长可切换激光发射（插图中比例尺为 5μm）（见文末彩图）

3.4.3 基于激发态质子/电荷转移过程的可调谐有机微纳激光

吸收和发射峰之间的斯托克斯位移通常是由上述振动亚能级提供，使得有机分子经常会有再吸收损耗，这成为限制有机微型激光器性能的一个重要因素。在大多数情况下，光学增益范围由 $|0\rangle$ 到 $|1\rangle$ 带的受激发射决定，为了获得宽带可调谐的激光特性，可以在准四能级增益机制中引入激发态的光化学过程以增大斯托克斯位移。激发态分子内质子转移（excited state intramolecular proton transfer, ESIPT）是光激发分子后以烯醇-酮互变异构形式通过质子转移来释放能量的过程。ESIPT 过程在基态和激发态提供了烯醇和酮式分子构型的附加能级，这有助于构建一个比振动亚能级更好的四能级系统。

受先前 ESIPT 分子晶体放大自发辐射研究的启发[29]，我们在 2-(2'-羟基苯基)苯并噻唑(HBT)微米线 ESIPT 过程的基础上，通过一个真正的四能级机制构建了超低阈值波长可调谐的有机微型激光器[30]。ESIPT 过程是通过一个瞬态可逆的烯醇-酮式互变异构过程,其中光吸收仅发生在基态顺式烯醇和激发态顺式烯醇间, 而光发射是从激发态顺式酮到基态顺式酮。所以, 斯托克斯位移增加到 9600 cm^{-1}, 这使得通过 HBT 微米线(约 30 dB/cm)的光波导损耗非常低。此外, 在 ESIPT 过程中存在一个独特的顺式酮的激发态扭曲现象, 这进一步促进了受激发射的光学增益。因此, 在极低的激发密度下实现了有效的微腔激光行为, 并且可以通过分子扭曲过程在两个波长之间切换激光发射。

发光分子激发态不仅可以转移正电荷的质子, 丰富的光化学过程还允许电子从给体转移到受体部分/分子[31]。环境敏感的分子内电荷转移(intramolecular charge transfer, ICT)过程存在局域激发(locally excited, LE)态和低能量的扭曲分子内电荷转移(twisted intramolecular charge transfer, TICT)态, 两个共存态表现出部分重叠从而具有宽的增益范围, 这有助于实现宽波长实时可调谐微型激光器。宽带连续可调谐微型激光器在信号处理和光谱分析中有着巨大的应用潜力, 并通过带隙工程、腔体调制和再吸收等一系列途径得到了实现。然而, 目前大多数方法要么缺乏动态连续调谐的可能性, 要么可调谐范围受到很大的限制。

最近, 我们在染料-环糊精超分子复合物的微晶中制备了基于 ICT 过程的宽带可调谐微型激光器[32]。超分子组装结构提供了可调控的空间限制能力, 可以有效地抑制 TICT 态的非辐射损失, 也允许部分激发态从 LE 态到 TICT 态转变。因此, 可以通过加热/冷却超分子微晶来控制 LE 态和 TICT 态之间的布居反转来影响增益过程, 因此, 改变温度可以调节 TICT 材料激光发射范围, 以此实现了宽波段可调的微型激光器。这种微型激光器受益于其潜在的光化学过程, 因此结合了有机小型化激光器的一些最佳特性, 如波长可调范围广和实时可调性。

3.5　有机耦合微腔结构及集成光子学应用

单个的有机自组装微腔具有良好的光学特性, 在考虑有机激发态的情况下可以作为激光光源。为了实现光子学集成电路的自下而上制备, 这些自组装微腔之间的耦合成为一个重要的基础研究课题。通过将各种有机微腔和其他光子学微结构组合在一起，可以获得在单结构中无法实现的高级功能，如光学调制和信号处理。有机微型激光器的相干光信号可以在耦合微结构的激光模式或耦合输出方向上进行编辑。有机材料的高度相容性使复合材料结构的自组装制备变得容易，而不仅局限于单根线或环的制备。本节讨论了最近我们在基于微型激光器的光子学器件中耦合微腔的设计和构建方面的突破。通过这些方法，可以提高有机微型激光器的耦合输出效率，调制有机微激光器的关键参数。

3.5.1 微型激光器在等离子体波导中的亚波长耦合输出

由于光学信号的衍射极限限制，微型激光器输出大多被限制在波长量级以上，这阻碍了未来光子学器件的小型化和集成化。表面等离子激元(surface plasmon polarition, SPP)是金属表面的集体电子振荡，它可以在亚波长金属纳米结构上空间限域及传播光[33]。因此，我们提出将微型激光器与等离子体波导耦合，这有助于突破衍射极限，实现激光模式的亚波长输出。如何合成有机微型激光器和金属纳米线的异质结构成为问题关键。

如图 3-13(a)所示，通过特定位点的溶液组装方法，我们构建了嵌入银纳米线的钙钛矿微盘作为等离子体波导耦合的微型激光器异质结构[34]。基于有效的光子-等离子体耦合[图 3-13(b)]，来自微盘腔体的激光由外部激励泵浦[图 3-13(c)]，然后从微盘的边缘[图 3-13(d)]和以亚波长尺度从银纳米线的末端耦合输出[图 3-13(e)]。尽管相对强度有略微区别，但微盘和纳米线发出的光信号显示出相同的激光模式。这意味着异质结可以以高度再现性传输相干光，此小型化的耦合输出方案可能对亚波长光信号处理提供有用的启示。

3.5.2 耦合纳米线腔体的单模式激光开关

单模式微型激光器具有很高的光谱纯度，对于小型化、多功能的光子学器件至关重要。由于自组装制备方法的空间精度很难达到波长尺度，这使得单个有机微腔的模式选择具有挑战性。我们提出了一种利用耦合微腔系统[35]实现单模式激光的互模选择策略，该系统包含两个不同的有机单晶纳米线。通过在纳米线自组装过程中引入两种发光分子，微型激光器可以在两个波长处产生激光发射。每根纳米线都可单独作为激光光源，而将另一根纳米线作为模式滤波器，这样就在轴向耦合的异质纳米线谐振腔中成功地实现了双波长的单模式激光[36]。

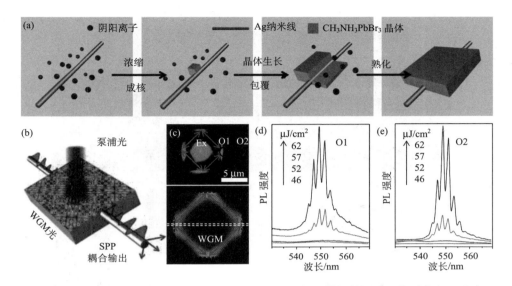

图 3-13　(a)特定位置组装的银纳米线耦合钙钛矿微型激光器的结构；(b)微型激光器通过 SPP 的亚波长耦合输出示意图；(c)金属波导耦合的微型激光器荧光显微图像及其电场分布；分别从钙钛矿盘(d)和银纳米线(e)中收集到的激光发射和亚波长耦合输出

　　如图 3-14(a)中的电场分布所示，在非均匀耦合的微腔中存在两种优势激光模式，其中一个模式在左侧纳米线中占主导，另一个模式在右侧纳米线中占主导。从耦合纳米线的实验中，准确地观察到了互模选择。如图 3-14(b)所示，在局部激励条件下，两种纳米线都能在各自的增益范围内输出单模激光。在这种情况下，被泵浦的纳米线充当激光光源而另一纳米线作为外部调制器。当两根纳米线都被超过激光阈值的功率泵浦时，纳米线异质结构发射出双波长单模激光，如图 3-14(c)所示。激光模式可以选择性地从 O1、O2 和 O3 端口耦合输出，这意味着在光子电路中这些相干信号可以被分开至下一级波导结构中。

3.5.3　波导耦合有机微型激光器的定向激光输出

　　微环/微盘等回音壁模式微腔具有优良的 Q 因子，适合于低阈值微型激光器的构建。这些微型激光器的一个缺点是回音壁模式激光的近乎各向同性发射，这使得相干光信号的定向输出变得困难。在光子学微结构的片上集成中，一种有效的解决方案是将回音壁模式微腔与光波导耦合，从而有效地将激光发射输出并传导至一维结构中[图 3-15(a)]。为此，我们设计并制备了 1,3-双(α-氰基-3-二苯基氨基苯乙烯基)-2,5-二苯基苯(CNDPASDB)、聚苯乙烯和三(8-羟基喹啉)

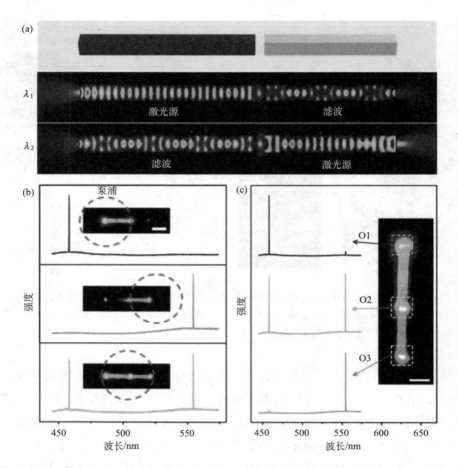

图 3-14　(a) 耦合腔体中的电场分布；(b) 不同位置光泵浦下的激光光谱，标尺为 10 μm；(c) 从三个位置收集的空间分辨光谱，标尺为 5 μm

铝（Alq_3）协同组装的有机纳米线耦合微盘异质结构[37]。由于材料相容性的差异，CNDPASDB 可以逐渐扩散到聚苯乙烯微盘中，而 Alq_3 则在高表面能边缘切向生长成微棒[图 3-15(b)]。如图 3-15(c) 所示，上述组装的掺杂 CNDPASDB 的聚苯乙烯微盘和 Alq_3 微棒的异质结构，在微盘激光器受到局部激励时，可以在棒端实现相干光的定向耦合输出。有趣的是，耦合输出信号很好地保持了 TE（横电）和 TM（横磁）偏振模式的强度比，如图 3-15(d) 所示。这种一步合成的有机复合微结构有望用于构建功能性光子学器件。

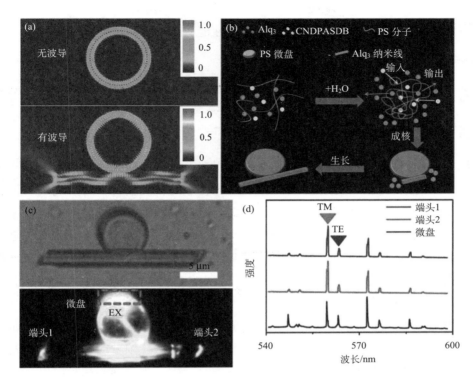

图 3-15 (a)有无波导耦合的微盘谐振腔的场分布；(b)基于协同组装机制构建的有机波导耦合微盘的异质结构；(c)用于定向激光输出的微米线连接微盘的显微镜图像；(d)从微盘和线状尖端收集到的耦合输出激光光谱

3.5.4 耦合有机微腔阵列中的光学信号处理

如上所述，耦合微腔结构对集成光子学电路是至关重要的。在光信号处理和存储发展蓝图中，下一步应该是以人们期望的方式将这些耦合结构图案化用于片上集成。因此，与传统硅基电子学/光子学中光刻技术相似，探索一种通用的大规模制备可重复有机微结构的技术对于即将到来的柔性集成光子学具有重要意义。

如上所述，耦合微腔结构对集成光子学电路是至关重要的。光信号处理和存储发展蓝图中的下一步应该是以人们期望的方式将这些耦合结构图案化用于片上集成。因此，与传统硅基电子学/光子学中光刻技术相似，探索一种通用的大规模制备可重复有机微结构的技术对于即将到来的柔性集成光子学具有重要意义。与现有的硅基产品相比，基于微型激光器的有机印刷电路显示出相近的性能，且还具有温和加工条件、多样掺杂性能、有源响应特性等优点。

3.6 总结和展望

有机微腔和微型激光器具有广泛的化学多功能性、易自组装制备性和广泛可调谐的发光特性。本章总结了笔者课题组在有机微腔的构建及其作为微型激光器应用的最新进展，并着重介绍了利用光化学过程和耦合结构实现集成光子学的重要功能。从分子组装、微腔谐振器、激发态过程和集成光子学应用等方面进行了系统的综述。这些进展有助于深入理解分子微观结构与激光性能之间的结构-性能关系。通过控制微腔结构的自组装过程并设计激发态能级，我们开发了一系列具有低阈值和宽带出射范围的有机微型激光器，这可用于柔性集成光子学器件和电路。

与硅基集成光子学相比，有机材料的光子学应用还处于起步阶段。研究界关注重点仍然为有机集成光子学的基础研究。为了这一领域的未来发展，人们需要寻找一些用硅或其他半导体很难实现的有机微型激光器的独特应用[38,39]。在有机电子学[有机发光二极管(OLED)、有机太阳电池(organic solar cell, OSC)和有机场效应晶体管(organic field effect transistor, OFET)等]中，OLED 显示面板的应用是迄今为止为数不多的被提升到工业级水平的例子之一。我们相信有机微型激光器在实际应用中的突破也将出现在显示面板领域，即图 3-16 所示的激光显示面板。与面板由独立 OLED 构成不同，激光显示面板每一个像素都是一个有机微腔结构，可以发射出高纯度的激光。这可以提高面板的空间分辨率、亮度和颜色范围等评价显示质量的关键参数。

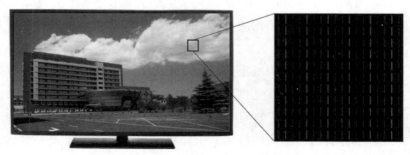

图 3-16　含有多色微型激光器阵列的激光显示面板示意图(见文末彩图)

为了实现有机微型激光器作为显示面板的目标，我们需要将驱动微型激光器的泵浦源的成本降低到合理范围。目前，几乎所有的有机微型激光器都依赖于高强度飞秒/皮秒脉冲激光的光激励。如果有机微型激光器可以用连续波段半导体激光器进行光泵浦，只需扫描印刷微型激光器阵列上的激发点即可实现光学显示。迄今为止，电泵浦有机激光器的实现仍然具有极大的挑战性。尽管现在 OLED 的效率可以与半导体 LED 相媲美，但将光腔结构并入 OLED 中仍然是一个难点。如图 3-17 所示，反射层（反射镜）不能插入电极对之间，也很难在二极管型器件外部集成。另一种类型的有机发光器件是基于晶体管的几何结构，在这种结构中，光发射来自于由栅极电压调制的源极和漏极的双极注入。在这种情况下，增益材料将比二极管中的微腔更兼容。在增益材料层中使用自组装有机微腔可能有助于解决这些问题。

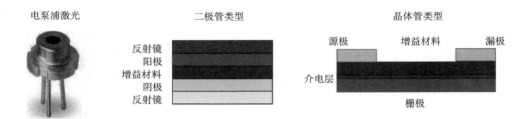

图 3-17　两种电泵浦激光结构示意图

有机微腔及微型激光器与材料制备、光化学激发态过程和光与物质相互作用有关。这一跨学科的课题涉及化学、物理、材料科学、光学、工程学等多个学科领域[40]。我们希望更多来自不同背景的研究者能够加入这个群体，共同推动有机材料的光子学应用发展。

参 考 文 献

[1]　Zhao Y S, Fu H, Peng A, et al. Low-dimensional nanomaterials based on small organic molecules: Preparation and optoelectronic properties. Adv Mater, 2008, 20: 2859-2876.

[2]　Zhao Y S, Fu H, Peng A, et al. Construction and optoelectronic properties of organic one-dimensional nanostructures. Acc Chem Res, 2010, 43: 409-418.

[3]　Zhang C, Zhao Y S, Yao J. Optical waveguides at micro/nanoscale based on functional small

organic molecules. Phys Chem Chem Phys, 2011, 13: 9060-9073.

[4] Zhao Y S, Peng A, Fu H, et al. Nanowire waveguides and ultraviolet lasers based on small organic molecules. Adv Mater, 2008, 20: 1661-1665.

[5] Zhao Y S, Fu H, Hu F, et al. Tunable emission from binary organic one-dimensional nanomaterials: An alternative approach to white-light emission. Adv Mater, 2008, 20: 79-83.

[6] Zhang W, Yao J, Zhao Y S. Organic micro/nanoscale lasers. Acc Chem Res, 2016, 49: 1691-1700.

[7] Zhang C, Yan Y, Zhao Y S, et al. From molecular design and materials construction to organic nanophotonic devices. Acc Chem Res, 2014, 47: 3448-3458.

[8] Yan Y, Zhao Y S. Organic nanophotonics: From controllable assembly of functional molecules to low-dimensional materials with desired photonic properties. Chem Soc Rev, 2014, 43: 4325-4340.

[9] Quochi F, Cordella F, Mura A, et al. Gain amplification and lasing properties of individual organic nanofibers. Appl Phys Lett, 2006, 88: 041106.

[10] O'Carroll D, Lieberwirth I, Redmond G. Microcavity effects and optically pumped lasing in single conjugated polymer nanowires. Nat Nanotechnol, 2007, 2: 180-183.

[11] Samuel I D W, Turnbull G A. Organic semiconductor lasers. Chem Rev, 2007, 107: 1272-1295.

[12] Chénais S, Forget S. Recent advances in solid-state organic lasers. Polym Int, 2012, 61: 390-406.

[13] Grivas C, Pollnau M. Organic solid-state integrated amplifiers and lasers. Laser Photon Rev 2012, 6: 419-462.

[14] Fang H, Yang J, Feng J, et al. Organic single crystals for solid-state laser applications. Laser Photon Rev, 2014, 8: 687-715.

[15] Gierschner J, Varghese S, Park S Y. Organic single crystal lasers: A materials view. Adv Opt Mater, 2015, 4: 348-363.

[16] Lee Y H, Jewell J L, Scherer A, et al. Room-temperature continuous-wave vertical-cavity single-quantum-well microlaser diodes. Electron Lett, 1989, 25: 1377-1378.

[17] Yan Y, Zhao Y S. Exciton polaritons in one-dimensional organic nanomaterials. Adv Funct Mater, 2012, 22: 1330-1332.

[18] Yan Y, Zhang C, Yao J, et al. Recent advances in organic one-dimensional composite materials: Design, construction, and photonic elements for information processing. Adv Mater, 2013, 25: 3627-3638.

[19] Varghese S, Park S K, Casado S, et al. Stimulated emission properties of sterically modified distyrylbenzene-based H-aggregate single crystals. J Phys Chem Lett, 2013, 4: 1597-1602.

[20] Zhang C, Zou C L, Yan Y, et al. Two-photon pumped lasing in single crystal organic nanowire exciton polariton resonators. J Am Chem Soc, 2011, 133: 7276-7279.

[21] Huang M H, Mao S, Feick H, et al. Room-temperature ultraviolet nanowire nanolasers. Science, 2001, 292: 1897-1899.

[22] Duan X, Huang Y, Agarwal R, et al. Single-nanowire electrically driven lasers. Nature, 2003, 421: 241-245.

[23] Xiao Y, Meng C, Wang P, et al. Single-nanowire single-mode laser. Nano Lett, 2011, 11: 1122-1126.

[24] Takazawa K, Inoue J, Mitsuishi K, et al. Micrometer-scale photonic circuit components based on propagation of exciton polaritons in organic dye nanofibers. Adv Mater, 2011, 23: 3659-3663.

[25] Zhang C, Zou C L, Yan Y, et al. Self-assembled organic crystalline microrings as active whispering-gallery-mode optical resonators. Adv Opt Mater, 2013, 1: 357-361.

[26] Wei C, Liu S Y, Zou C L, et al. Controlled self-assembly of organic composite microdisks for efficient output-coupling of whispering-gallery-mode lasers. J Am Chem Soc, 2015, 137: 62-65.

[27] Zhang C, Zou C L, Zhao Y, et al. Organic printed photonics: From microring lasers to integrated circuits. Sci Adv, 2015, 1: e1500257.

[28] Wei C, Gao M, Hu F, et al. Excimer emission in self-assembled organic spherical microstructures: An effective approach to wavelength switchable microlasers. Adv Opt Mater, 2016, 4: 1009-1013.

[29] Park S, Kwon O H, Kim S, et al. Imidazole-based excited-state intramolecular proton-transfer materials: Synthesis and amplified spontaneous emission from a large single crystal. J Am Chem Soc, 2005, 127: 10070-10073.

[30] Zhang W, Yan Y, Gu J, et al. Low-threshold wavelength-switchable organic nanowire lasers based on excited-state intramolecular proton transfer. Angew Chem Int Ed, 2015, 54: 7125-7129.

[31] Fu H, Yao J. Size effects on the optical properties of organic nanoparticles. J Am Chem Soc, 2001, 123: 1434-1439.

[32] Dong H, Wei Y, Zhang W, et al. Broadband tunable microlasers based on controlled intramolecular charge transfer process in organic supramolecular microcrystals. J Am Chem Soc, 2016, 138: 1118-1121.

[33] Zayats A V, Smolyaninov I I, Maradudin A A. Nano-optics of surface plasmon polaritons. Phys Rep, 2005, 408: 131-313.

[34] Li Y J, Lv Y, Zou C L, et al. Output coupling of perovskite lasers from embedded nanoscale

plasmonic waveguides. J Am Chem Soc, 2016, 138: 2122-2125.

[35] Gao H, Fu A, Andrews S C, et al. Cleaved-coupled nanowire lasers. Proc Natl Acad Sci USA, 2013, 110: 865-869.

[36] Zhang C, Zou C L, Dong H, et al. Dual-color single-mode lasing in axially coupled organic nanowire resonators. Sci Adv, 2017, 3: e1700225.

[37] Wei C, Liu S Y, Zou C L, et al. Controlled self-assembly of organic composite microdisks for efficient output coupling of Whispering-Gallery-Mode lasers. J Am Chem Soc, 2015, 137: 62-65.

[38] Wei Y, Lin X, Wei C, et al. Starch-based biological microlasers. ACS Nano, 2017, 11: 597-602.

[39] Gao Z, Wei C, Yan Y, et al. Covert photonic barcodes based on light controlled acidichromism in organic dye doped Whispering-Gallery-Mode microdisks. Adv Mater, 2017, 29: 1701558.

[40] Zhao J, Yan Y, Zhao Y S, et al. Research progress on organic micro/nanoscale lasers. Sci China Chem, 2018, 48: 127-142.

第4章

有机体系中辐射跃迁的外磁场调控作用
与磁场增强光学增益

有机体系中的辐射跃迁过程往往受到多种内在和外在因素的影响。通过调节外界因素控制辐射跃迁的速率和效率可以为实现低阈值激光，尤其是为电泵浦激光提供一条可行的途径。这是因为在电注入情况下产生的大量三重态经常会成为达到受激辐射条件的制约因素。反系间窜越(reverse intersystem crossing, RISC)是激发态从三线态转变为单线态的过程，经常被用于解释有机生色团的光物理过程。电子给体-受体(D-A)材料可以形成激基复合物，其最低单线态能级与三线态能级的能量差 ΔE_{ST} 较小(<100 meV)，因此在室温下就可以发生高效率的 RISC 过程，从而三线态可以转化为单线态实现延迟光致发光，其被称作热致延迟荧光(thermally activated delayed fluorescence, TADF)。

在本章中，我们将介绍一些基于 D-A 体系的激基复合物有机发光二极管(OLED)的磁场效应，期望对实现有机电泵浦激光提供新的研究思路。例如，相较于传统 π 共轭有机物，D-A 体系激基复合物的单线态与三线态间存在新的自旋转化途径(Δg 机制)，因此该类器件在外加磁场下电致发光可以得到较大增强(超过 40%)。实验表明，磁(控)-电致发光(magneto-electroluminescence, MEL)以及磁(控)-光致发光(magneto-photoluminescence, MPL)都会表现出非常明显的温度依赖关系，这一现象表明 RISC 过程在该类器件中起到主导作用，成为高效率利用三重态的重要过程。以此为基础，在 D-A 体系中掺入高效率发光分子(emitter)后，不仅体系发光效率得到提升，其 MEL 和 MPL 响应也同时得到增强。这是由于掺杂后的 D-A 激基复合物具有更低的热活化能，为该类器件进一步优化并帮助实现电泵浦激光提供了新的可能性。

4.1 引言

4.1.1 基于 D-A 激基复合物的有机发光二极管

由于在显示以及固态照明等方面有着广阔的应用前景，OLED 在过去的二十年里受到大量研究者的关注[1,2]。在电注入条件下，自旋的统计规律决定了单线态与三线态的激子比例为 1 : 3，这从根本上限制了 OLED 尤其是荧光 OLED 的电致发光效率。一般来说，三线态激子的辐射跃迁是禁阻的，荧光 OLED 仅能通过单线态激子辐射跃迁，其内量子效率最高仅能达到 25%[2-4]。研究人员通过在有机发光体系引入重金属原子，例如铱 (Ir) 以及铂 (Pt) 配合物，增强自旋-轨道耦合 (spin-orbital coupling, SOC) 来实现三线态发光 (磷光) OLED[4-8]。然而，大多数过渡金属配合物成本较高且不稳定，制约了磷光 OLED 的进一步发展。近来，人们开始关注如何将三线态激子转化为单线态激子，例如三线态-三线态湮灭 (triplet-triplet annihilation, TTA) 等上转换[9-11]。

以 Adachi 等为代表的科学家发展了一种能将三线态激子转化为单线态发光的新型 OLED，即通过反系间窜越 (RISC) 过程产生热致延迟荧光 (TADF)[12-19]。当电子的交换能较小时，即单线态-三线态能级差 ΔE_{ST} 较小时，三线态在热激发下可以通过 RISC 转化为单线态[20]。在这类 OLED 器件中，当活性层的活化能 E_{act} 与 ΔE_{ST} 相近[$10\sim100$ meV，远小于传统有机半导体 ΔE_{ST}(约 0.7 eV)]时，由 RISC 引起的 TADF 将在电致发光中起到重要作用。我们可以将常见的 TADF 材料进一步划分为"分子内"与"分子间"两类。前者存在于在单个分子中，由于 HOMO 和 LUMO 能级的正交几何关系，交换相互作用常数 J 很小；后者存在于给体与受体分子二者电荷转移形成的双分子激发态，也被称为激基复合物，由于电子与空穴波函数较小的重叠，其具有较小的 J 值[7,21-24]。自 TADF 材料被发现以来，由于其不含金属原子就可以通过 RISC，在理论上实现 100% 的内量子效率，TADF 类 OLED 器件正成为领域里一颗冉冉升起的明星[13-15, 18, 24-27]。

进一步将发光分子 (emitter) 掺入以 TADF 材料为主体的 OLED 活性层中，

提高三线态的利用效率形成新一代 TADF-OLED，即 TADF-辅助荧光 OLED 或称为超级荧光 OLED(SF-OLED)[16, 19]。在 SF-OLED 中三线态电荷转移态激子通过 RISC 转化为单线态电荷转移态，再通过福斯特能量转移(Förster energy transfer，FRET)过程将能量传递给荧光分子形成单线态(S_1)，从而提高了荧光发光效率。实验表明,SF-OLED 具有更优异性能,其内量子效率甚至接近 100%。2014 年，Adachi 等报道了外量子效率达到 14%～18% 的蓝色、绿色、黄色和红色发光的 SF-OLED[16]。研究人员在此之后陆续开发出更高外量子效率和性能更优异的 SF-OLED，取得了一系列重要进展[28-33]。

4.1.2　有机发光二极管的磁场效应

最近几年，由于可以用来提高电致发光效率，共轭有机化合物的磁场效应(magnetic field effect, MFE)受到了研究人员的关注[34-52]。OLED 的磁场效应指,外加磁场可以改变单线态极化子对(PP_S)与三线态极化子对(PP_T)之间的相互转化速率；我们可以通过器件的电致发光的增强(即 MEL)或者电流的增大(即 magneto-current，MC)来探究该效应。当 PP_S 与 PP_T 彼此的复合速率(R_S, R_T)以及解离速率(d_S, d_T)不同时，上述的磁场效应才会发生[37, 42]。到目前为止，室温下的 OLED 器件的 MEL 最大值(MEL_{max})已经达到了约 20%。

传统 OLED 中，由于激子的电子与空穴轨道重叠较严重，所以激子具有较大的交换能(J)，导致单线态激子与三线态激子的能极差 ΔE_{ST}(=2 J)较大，因此自旋混合过程在激子状态下难以发生，而在极化子对状态下易发生。与之不同的是，可以发生 RISC 过程的材料，可以在极化子对状态下发生自旋混合，同时由于激子的 ΔE_{ST} 较小，激子状态下，也可以发生自旋混合。在上述情况下，引起自旋混合的机制可能是超精细相互作用[44, 45]以及 Δg 机制[46]，二者的区别在于 Δg 机制来源于正负电荷载流子的兰德(Lande)因子 g 的不同，外加磁场可能会促进系间窜越。实验获得的 MEL(B)的半高全宽(FWHM)可以用来判断两种自旋混合机制中谁主导了 MEL 响应。

当外加磁场引起自旋混合时，OLED 的 MEL_{max} 由其引起的单线态与三线态间的数目变化决定。由于 $PP_T \rightarrow PP_S$ 的系间窜越过程受到量子力学规律的限制，所以在外加磁场作用下，也并非所有 PP_T 自旋子能级都能转换成 PP_S[47]。另外，极化子对寿命很长，使得极化子对多重态间可以发生系间窜越，并且自旋-晶格弛豫时间(τ_{SL})也远大于极化子对寿命(τ)，因此，在其复合或者解离之前，极化子对不会失去自旋相干性。自旋-晶格弛豫过程限制了 MEL_{max}，该过程可由限制因子 $F=\exp(-\tau/\tau_{SL})$ 来描述[48]。换句话说，尽管 τ 通常很长，但即便 $\tau/\tau_{SL} \leqslant 1$ 时，MEL_{max} 可以达到的最高值也只有 67%。

在 TADF 材料中，除了通过极化子对的自旋转化过程，还存在另一种自旋混合方式，即 Δg 机制，该机制源于激基复合物的电子与空穴的 g 因子不同。因此，当 TADF-OLED 上施加磁场时，两种自旋混合过程将急剧地增强电致发光(此时，MEL 信号甚至可以大于 67%)，该现象在有机光电子领域中具有重要的意义。此外，在这种情况下，如果存在一个与 TADF 相关的自旋混合途径，那么它也应该可以通过 MPL 来影响光致发光(photoluminescece, PL)[11,49]，且由于具有与 MEL 相同的 E_{act}，MPL 也会随着温度的增加而增强。因此，为了验证 MFE 来自于 RISC，需要进行 MPL 测量。但由于极化子对并不是直接由光激发产生的，因此不能影响光致发光过程。在传统 π 共轭的有机化合物中，MPL 响应是非常微弱的。在这种情况下，光致发光仅受到磁场影响非辐射复合过程的间接作用。值得注意的是，MFE 不仅是一个可以增强电致发光的可选途径[50-52]，同时也是一个可用来探测有机半导体薄膜和器件的自旋相关现象的有效手段[53,54]。考虑到荧光分子引起的能量转移过程时，如 FRET 过程和德克斯特能量转移(Dexter energy transfer，DET)过程[19]，MEL 和 MPL 的测量使我们能够研究比未掺杂的 TADF-OLED 复杂得多的 SF-OLED 中的激子动力学过程。

本章中，我们将系统介绍近年来 D-A 激基复合物材料以及基于该材料的 OLED 的磁场效应的相关研究。例如：如何在相对较小的磁场下(<100 mT)得到较大的 MEL_{max}(约 40%)以及 MPL_{max}(约 5%)的响应。具体来说，基于 D-A 化合物的 OLED 由 4.2 节中图 4-1(a)中的化合物制备得到，N,N,N',N'-四(4-甲氧基苯基)联苯胺[N,N,N',N'-tetrakis(4-methoxyphenyl)benzidine，MeO-TPD]作为电子给体，而三[2,4,6-三甲基-3-(3-吡啶基)苯基]硼烷[tris(2,4,6-trimethyl-3-(pyridin-3-yl)phenyl)borane，3TPYMB]作为电子受体。实验结果表明，在基于这种 D-A 混合物的 OLED 和薄膜中，与 RISC 相关的 MEL 和 MPL 主导了磁场效应。MEL 和 MPL 彼此具有很好的关联性，它们都起源于激基复合物中发生的同一自旋混合过程。当与传统 π 共轭聚合物 MEH-PPV 等的磁场效应比较时，我们重点对比了 D-A 体系中与 TADF 相关的磁效应。密度泛函理论(density functional theory, DFT)计算可以帮助理解激基复合物以及 D-A 体系的电子结构性质。

同时，我们还验证了 SF-OLED 器件中超常的 MEL 现象，以及以 TADF 相关 D-A 激基复合物为主体掺有荧光分子的薄膜中存在的 MPL 现象。其组成包括：MeO-TPD 作电子给体，3TPYMB 作受体，荧光分子是四苯二苄花青素（tetraphenyldibenzoperiflanthene，DBP）。实验结果说明，相较于纯 D-A 激基复合物材料，掺有客体分子的材料的磁场效应活化能（E_{act}）有所下降，因此 SF-OLED 器件中的量子效率有所增加。然而，随着掺杂浓度的提高，体系中三线态激基复合物（^3EX）与荧光分子的三线态（$^3T_1$）间的 DET 过程将会抑制 RISC 过程，即荧光分子浓度过高时，MPL 与 MEL 响应均开始急剧减小。

4.2　结果与讨论

4.2.1　D-A 激基复合物薄膜中的光致发光

MeO-TPD 与 3TPYMB 的分子结构如图 4-1(a) 所示。它们各自的最高占据分子轨道（HOMO）与最低未占分子轨道（LUMO）能级排列如图 4-1(b) 中所示[13]。图 4-1(c) 和 (d) 分别表现了纯受体和给体分子及其混合物（质量比为 1∶3）薄膜的室温（RT）吸收和 PL 光谱。MeO-TPD 和 3TPYMB 的吸收光谱最大值分别约出现在 364 nm 和 338 nm；而 PL 光谱分别在 425 nm 和 407 nm 处达到峰值。混合物的 PL 光谱包含了给体和受体分子的贡献；此外还增加了一个宽峰，峰约在 492 nm 出现，宽度延展到 700 nm 左右。这表明 TADF 发光源自薄膜中光激发的 D-A 激基复合物。

4.2.2　DFT 计算

为了描述激基复合物组分的特性，我们计算了 MeO-TPD 和 3TPYMB 的单体结构及其包括激基复合物的二聚体构型[55-57]。给体与受体分子以及它们形成的激基复合物的最低单线态和三线态激子能级通过 DFT 计算得到（图 4-2 及表 4-1 中所示）。可以看出，最低单线态（S_1）能级在 DFT 计算中得到了很好的重现。此外，单纯的给体、受体分子中最低的三线态（T_1）能级比 S_1 低约 $0.6 \sim 0.7$ eV，即 ΔE_{ST} 约为 0.65 eV，与大多数纯 π 共轭有机化合物的 ΔE_{ST} 吻合良好，表明对于 D-A 材料的 DFT 计算相当可靠[56]。DFT 计算表明，激基复合物的最

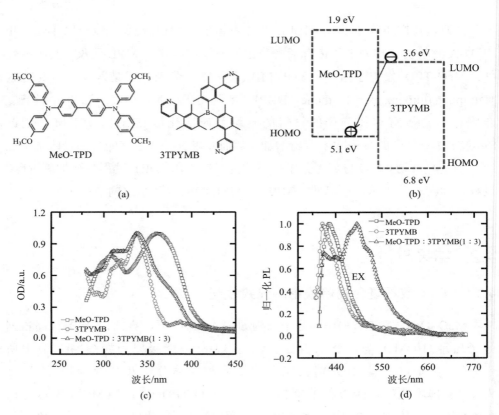

图 4-1 （a）MeO-TPD（给体）与 3TPYMB（受体）的分子结构；（b）D-A 体系的 HOMO 与 LUMO 能级排列，可能形成的激基复合物见参考文献[13]；MeO-TPD、3TPYMB 以及 MeO-TPD：3TPYMB（1：3）混合物的激基复合物（EX）的吸收光谱（c）和光致发光光谱（d）

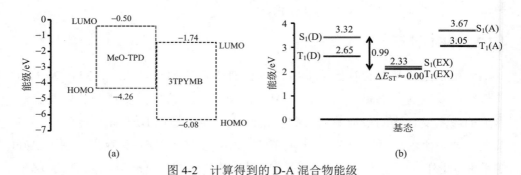

图 4-2 计算得到的 D-A 混合物能级

（a）MeO-TPD 和 3TPYMB 分子的 HOMO 和 LUMO 能级；（b）单个给体（MeO-TPD, D）和受体（3TPYMB, A）分子的最低单线态（灰色）和三线态（黑色）能级，以及 D-A 混合物中形成的激基复合物（EX）能级（见表 4-1）。显而易见，激基复合物是 D-A 混合物中能量最低的激发态，D 和 A 分子中各自的单线态和三线态的能量差异 ΔE_{ST} 远远大于激基复合物的 ΔE_{ST}

低能级降低到单个分子的 S_1 以下约 1 eV，与实验中激基复合物（EX）光谱中获得的发光波长符合（表 4-1）。另外，激基复合物的能级是 D-A 混合物所有激发态中能量最低的，甚至低于给体与受体分子的三线态（T_1）水平。由于给体与受体分子的最低三线态水平是非辐射复合禁阻的，因此该化合物中激基复合物发光效率非常高。此外，计算表明激基复合物的 ΔE_{ST} 很小，导致 D-A 混合物中发生较强的 TADF 过程，由此导致较大的 MFE。

表 4-1　由计算得到的单个给体/受体分子的单线态激发 S_1 以及激基复合物最低能级 ^{1}EX；以及通过 D-A 混合物的 PL 光谱（见图 4-1）得到的各激发态能量对比

S_1/EX 能级	实验值/eV	计算值/eV
3TPYMB	3.05	3.67
MeO-TPD	2.92	3.32
EX	2.52	2.33
^{1}EX 与 EX 能量差	0.40	0.99

注：ΔE 是电子给体的 ^{1}EX 与激基复合物最低能级之间的能量差。

4.2.3　D-A 激基复合物薄膜中的 MPL

室温（RT）与低温（LT）下，D-A 混合物的荧光（FL）与激基复合物（EX）发光谱带的 MPL(B) 响应信号如图 4-3(a)、(b) 所示。所有温度范围内，D-A 混合物以及纯给体、受体薄膜的荧光光谱中均未出现可测量的 MPL 响应。与之相反，室温下，激基复合物的发光谱带中出现较强的 MPL 响应，但在低温下，没有观察到该现象。

图 4-4(a) 表明 MPL 响应随着温度增加而单调增加，并从 (b) 图的阿伦尼乌斯（Arrhenius）曲线可以得到其活化能 E_{act} 约为 30 meV。同时，我们注意到室温下，随着所测的 PL 波长逐渐远离 FL 光谱峰，对应的 MPL_{max} 响应逐渐增加 [图 4-3(c)、(d)]。上述现象表明 D-A 混合物的 MPL 来源于 RISC 相关过程：由于热活化能较低，RISC 过程在较高温度下会增强，这与 MPL 响应一致。与 D-A 混合物中的激基复合物有关的磁致 RISC(M-RISC) 过程发生在 S_1(^{1}EX) 与 T_1(^{3}EX) 状态之间（见图 4-2）。综上，我们可以做出总结：RISC 过程对外加磁场非常敏感，因此在 OLED 的 MEL 响应中，M-RISC 可能起到了重大的作用。

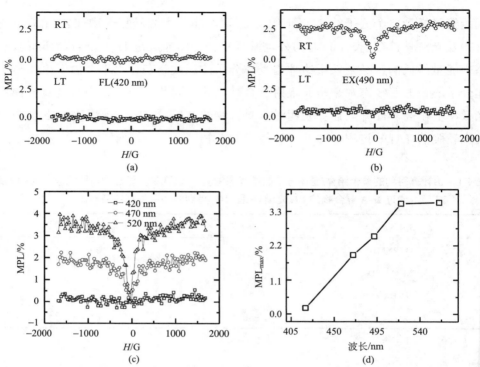

图 4-3　(a) 室温 (RT) 以及 40 K (低温, LT) 下, MeO-TPD∶3TPYMB (1∶3) D-A 混合物 MPL, 图示为波长 420 nm 的荧光 (FL) 谱带的 MPL (*B*) 响应; (b) 室温以及低温下, 激基复合物 PL 光谱中, 波长为 490 nm 的谱带的 MPL (*B*) 响应; (c) 室温下, 激基复合物 PL 光谱中, 不同发射波长的 MPL (*B*); (d) MPL 最大值, 即 MPL_{max}, 定义为磁场强度为 1500 G 时不同发光波长的 MPL

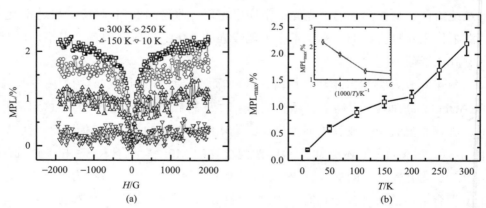

图 4-4　(a) MeO-TPD∶3TPYMB (1∶3) 混合物在各种温度下的 MPL (*B*) 响应; (b) MPL_{max} 与温度的关系曲线; 插图是 $MPL_{max}(T)$ 的 Arrhenius 曲线。通过高温下的线性拟合可得到活化能 E_{act} 约为 30 meV

此外，我们还发现，室温条件下，尽管上述实验获得的 MPL_{max} 值仅为 3.5%左右，不是很高。然而，我们尚未在任何有机体系中观察到室温下如此明显的 MPL 信号，因此在 D-A 激基复合物中测得的 MPL 响应具有重要意义。最近在有机-无机杂化钙钛矿材料中观察到类似的室温 MPL 响应，反映出这些材料中发生了 Δg 机制等引起的新的自旋转化过程[53]。

4.2.4　基于 D-A 激基复合物的有机发光二极管中的 MEL

MeO-TPD∶3TPYMB（1∶3）-OLED 器件的 I-V 与 EL-V 的特性曲线如图 4-5（a）所示。考虑到器件没有优化，电致发光的工作电压很低。图 4-5（b）展示了恒定电流 1 mA 下的电致发光强度与温度之间的关系，温度范围从 10 K（低温恒温器）到 350 K（器件恒温箱）。可以清楚地发现，由于温度升高利于 RISC 过程，电致发光强度随着温度的升高而增加；从电致发光强度与 $1/T$ 的 Arrhenius 曲线[图 4-5（b）插图]可以得到活化能约为 150 meV。然而，从接近室温时开始，电致发光强度降低，说明非辐射复合跃迁途径在较高的温度下更有效。

基于 D-A 激基复合物的 OLED 的 MEL（B）如图 4-5（c）所示。室温下，MEL_{max} 约为 35%，这是迄今为止 OLED 中测得的最大的 MEL 响应，该现象表明激基复合物 OLED 对磁场很敏感。我们还测量了在同一器件上施加方向不同的磁场（平行和垂直于薄膜平面）的 MEL（B）；测量不确定度范围在 0.1% 以内时，MEL（B）没有方向依赖性，这与文献报道相符[44,47,57,58]。此外，我们还注意到器件在恒定电流工作时的 MEL_{max} 也相当大（在室温下，约 20%），表明 MEL 不是来源于外加磁场引起器件中的电流密度的变化（即 MC），而是与 D-A 混合物中的激基复合物激发有关的一种内在效应。此外，MEL（B）与 D-A 薄膜中测得的 MPL（B）响应相似；这两种磁场响应具有相似的半高全宽（FWHM），表明它们来源于相同的 M-RISC 过程。实际上，我们从 MEL（B）中得到的半高全宽约 320G，这比基于传统 π 共轭有机聚合物的 OLED 的 MEL（B）的大得多（约 120G），由此我们认为超精细相互作用（hyperfine interaction, HFI）是基于激基复合物的 OLED 中主要的自旋混合机制，但除 HFI 之外还包含另一种自旋混合机制，即由于激基复合物激发态中的电子和空穴环境互不相同，导致电子与空穴的 g 因子有所不同，使得 Δg 机制成为 M-RISC 过程的可行途径。

图 4-5（d）展示了 MEL_{max} 对温度的依赖关系；它与图 4-5（b）中所示的 EL 强度与温度（T）的关系有相同的趋势，也就是说，MEL_{max} 值在低温到室温过程

中增加，然后急剧减少。在温度低于 300 K 时，从 $MEL_{max}(T)$ 的 Arrhenius 曲线计算得到活化能 E_{act} 大约为 42 meV，这与 D-A 薄膜的 MPL 响应的活化能相当。$MEL_{max}(T)$ 与 EL_{max} 的活化能之间存在差异，这表明除了 TADF 提高 EL 发光效率外，还有其他机制调控 OLED 中的 $EL(T)$ 发光强度；例如，电子的输运此时也可能得到提高，而此过程对 MPL 响应恰好可能并没有贡献。此外，高温也利于与 TADF 发光过程竞争的非辐射复合途径。

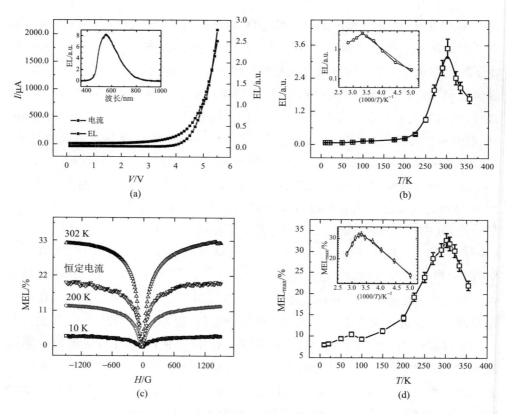

图 4-5　MeO-TPD∶3TPYMB（1∶3）混合物的 OLED 器件的特性

(a)电流(I)、电致发光(EL)与电压(V)的关系，插图为器件的 EL 谱。(b)恒定电流为 1 mA 时，器件 EL 强度与温度的关系。从插图中 EL 对 $1/T$ 的 Arrhenius 曲线中可得到 E_a 的值大约为 150 meV。(c)不同温度下的 $MEL(B)$ 响应图。为了比较，我们将恒定电流为 1 mA 时，$MEL(B)$ 的测量结果用 ▽ 表示。(d)MEL_{max} 与温度的关系，插图是 $MEL_{max}(T)$ 的 Arrhenius 曲线。根据高温下的数据计算活化能 E_a 约为 42 meV

为了比较 D-A 混合物与传统 π 共轭化合物各自的 MFE 响应，我们用相同工艺制备了结构相同，以 MEH-PPV 为活性层的 OLED，并测得其 MEL 响应。

该 OLED 的 I-V 和 EL-V 响应如图 4-6(a) 所示,其电致发光的工作电压高于 D-A 器件。此外,该 OLED 在恒定电流下的发光强度会随着温度的升高而减弱 [图 4-6(b)],这可能是高温有利于非辐射复合途径,导致 PL 量子产率的降低所致。图 4-6(c) 展示了基于 MEH-PPV 的器件在不同温度下的 MEL(B) 响应。传统有机半导体器件中 MEL 的 FWHM 比 D-A 器件对应的 FWHM 小得多;研究表明,MEH-PPV 器件的 MEL(B) 来源于 HFI 引起的自旋混合过程,FWHM 约为 HFI 常数(约 3 mT)的 2 倍[59]。由于 D-A 器件的 MEL(B) 的 FWHM 响应大约是 MEH-PPV 的 3 倍,如果将 HFI 视为 D-A 混合物中导致自旋混合的主要机制,则该混合物中的 HFI 常数应约为 9 mT。对于组成 D-A 混合物的原子来说,上

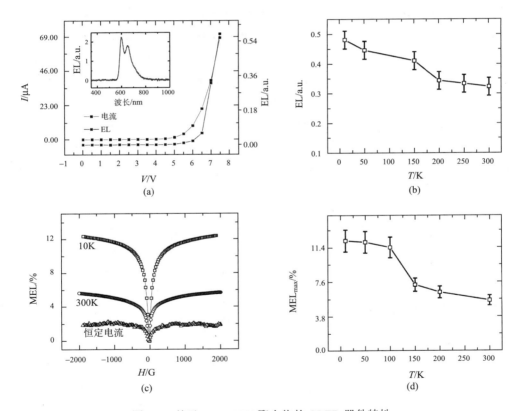

图 4-6 基于 MEH-PPV 聚合物的 OLED 器件特性

(a) I-EL-V 响应图,插图展示了器件的 EL 谱;(b) EL 与温度的关系;(c) 10 K 和 300 K 下 MEL(B) 响应曲线,室温下恒定电流为 20 μA 下的 MEL(B) 用△曲线表示;(d) 器件在恒定电流下工作,测量 MEL$_{max}$ 与温度的关系

述的 HFI 常数太大，因此我们认为仅存在 HFI 时，HFI 不可能导致 D-A 器件产生如此宽的 MEL(B) 响应。因此，我们在这里引入一种额外的自旋混合途径，即 Δg 机制。与 D-A 器件的 MEL$_{max}(T)$ 相比，图 4-6(d) 说明 MEH-PPV 器件中的 MEL$_{max}(T)$ 随着温度升高而降低，这就表明在 MEH-PPV 器件中没有发生类似 D-A 器件中的 M-RISC 过程。

我们改变 D-A 浓度比$(1/r)$和 TADF 层的厚度(d)，以求得激基复合物 OLED 中最佳的 MEL。如图 4-7(a) 所示，在 317 K 温度下，浓度比 $r=4$ 条件下，可以得到最高的 MEL$_{max}$(约 38%)，这表明 OLED 中的 MEL 效应极具应用前景。通过室温条件下 MEL$_{max}$ 与混合物浓度比 r 的关系可以发现，浓度比 r 变化时，MEL$_{max}$ 也显著变化，并在 $r=4$ 时，MEL$_{max}$ 达到最大值。激基复合物 OLED 中，激基复合物的 ΔE_{ST} 取决于给受体分子的电子波函数的重叠情况。而掺杂比改变时，电子波函数重叠情况也会发生变化，进而改变 ΔE_{ST} 以及 E_{act}。通过图 4-7(b) 中的 MEL$_{max}$ 的 Arrhenius 曲线，可以得到 E_{act} 及其与掺杂浓度比 r 的关系：E_{act} 随 r 的增加而下降。这与 MEL$_{max}$ 与 r 的关系正好相反，表明激基复合物 OLED 的 MEL 受 D-A 混合物中激基复合物的性质主导，进一步说明这些激发态对于器件性质的重要性。当 $r>4$ 时，受体分子浓度过大导致器件性能变差，MEL$_{max}$ 也会下降，并且由于给体分子不足，电致发光不再由 D-A 层中的激基复合物主导。

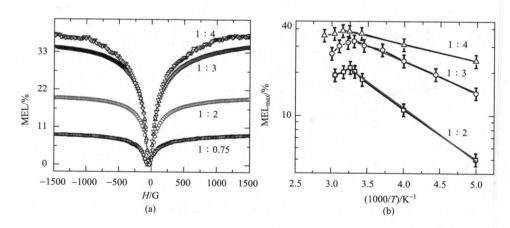

图 4-7 基于 D-A 混合物的 OLED 中的磁场效应，其中 D∶A 比例由 1∶0.75 逐渐
变化为 1∶4(见文末彩图)

(a)室温下 MEL(B)响应曲线；(b)磁场效应最大值 MEL$_{max}$ 的温度依赖关系 Arrhenius 曲线

4.2.5　Δg 机制

图 4-8 比较了激基复合物 OLED 与传统 OLED 中 MEL 的潜在机制。在两种 OLED 中，载流子都从两个电极注入，在有机层中以 1:3 的比例形成单线态(^{1}PP)和三线态(^{3}PP)自旋构型的极化子对，随后极化子对分别在传统有机半导体中形成单线态(S_1)和三线态(T_1)激子，在 D-A 混合物中形成激基复合物(^{1}EX 和 ^{3}EX)。由于传统 OLED 中 S_1 和 T_1 状态之间的 ΔE_{ST} 较大，所以三线态激子不能转化为单线态激子。在 ΔE_{ST} 与 k_BT(约 25 meV)相近的 D-A 体系中，室温下的 RISC 才可以发生。外加磁场可以改变 RISC 速率，因此 D-A 体系可以通过将三线态转化为单线态的方式来增加单线态激基复合物比例，使得光致发光增强。因此，在激基复合物 OLED 中，有两条自旋混合途径可以用来增强发光：①极化子对状态下的高能量途径；②激基复合物状态下的低能量途径。每个途径的自旋混合过程都是依靠 HFI 和 Δg 机制协同作用的，但是后一种机

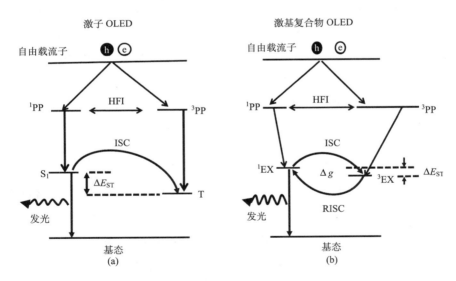

图 4-8　传统 OLED 和激基复合物 OLED 中的 MEL 机制示意图

(a)基于激子的 OLED 中的 MEL 机制，其中自旋混合途径主要来源于极化子对间的超精细相互作用(HFI)。最低单线态 S_1 和三线态 T_1 之间的能量差 ΔE_{ST} 很大，因此只有从 S_1 到 T_1 的 ISC 过程可以发生。(b)激基复合物 OLED 中的 MEL 机制存在两个自旋混合途径；能量较高的极化子对通过 HFI 途径，能量较低的激基复合物通过 Δg 机制途径。Δg 是 D 和 A 分子中载流子的 g 值之差。由于激基复合物的 ΔE_{ST} 小，此时 RISC 可以发生。Δg 机制导致 RISC 会受到磁场影响，导致了激基复合物 OLED 中异常大的 MEL

制(Δg)控制了 MEL(B)的宽度：从实验数据得到的 FWHM 可以看出，它比仅有 HFI 时所估计的 FWHW 要宽。此外，在 D-A 体系 OLED 中，MEL 随温度升高而急剧增加，而 HFI 不应随温度变化，这在基于 MEH-PPV 的传统 OLED 中很明显。因此在图 4-8 中，我们将能量较高以及较低的自旋混合途径分别命名为 HFI 途径(^{1}PP 与 ^{3}PP 之间的途径)与 Δg 途径(^{1}EX 与 ^{3}EX 之间的途径)。

自旋混合过程的 Δg 机制来源于激基复合物中的电子与空穴的 g 因子之差，Δg。在此过程中，自旋为 1/2 的电子和空穴绕磁场 B 的自旋进动频率之差 $\Delta \omega_p = \mu_B \Delta g B/h$(其中 μ_B 是玻尔磁子)，在单线态和三线态构型之间引起受磁场影响的系间窜越行为。在激基复合物 OLED 中，受磁场影响的自旋混合过程发生在高能量(极化子对状态)途径中，从而增强了 ^{1}PP 的数目。单线态极化子对弛豫成单线态激基复合物之后，可以通过辐射跃迁方式进行复合。另外，在低能量途径(激基复合物状态)中，M-RISC 可以将 ^{3}EX 转化为 ^{1}EX，从而再增加单线态激基复合物，提高电致发光强度。由于在室温下激基复合物中 S$_1$ 和 T$_1$ 状态的能量差 ΔE_{ST}(热扰动 $k_B T$ 约为 25 meV)很小，因此 D-A 器件中低能量自旋混合途径最有效。室温下的 D-A 材料具有较大的 MPL(B)响应，由于 OLED 中主要的光激发物质是激基复合物，而不是极化子对，表明 D-A 混合物中自旋混合主要发生在能量较低的途径中。激基复合物 OLED 在低温下观察不到 MPL(B)响应，仅在室温下可以观察到 MPL(B)响应，因此我们得出结论，M-RISC 过程是影响 MPL 的主要因素。

4.2.6　掺入发光物质的 D-A 激基复合物薄膜

作为主体材料的 D-A 混合物(即 MeO-TPD 和 3TPYMB)和客体材料 DBP 的分子结构如图 4-9(a)所示。图 4-9(b)为室温下，MeO-TPD：3TPYMB 主体材料与 DBP 发光分子归一化后的吸收光谱和 PL 光谱。MeO-TPD：3TPYMB 主体材料和 DBP 的 PL 光谱范围很宽，分别在约 418 nm 和约 694 nm 处达到峰值。我们注意到在主体材料中，DBP 分子的吸收谱带与 PL 谱带重叠，这表明从主体材料的 ^{1}EX 态与发光分子的 S$_1$ 态间可以发生 FRET 过程。图 4-9(c)展示了掺有不同浓度 DBP 的主体材料的归一化 PL 光谱，其中包含了两个发光带，较短的波长带来源于 D-A 激基复合物，而较长的波长带来源于发光分子。随着掺杂浓度 C 的增加，激基复合物的发光谱带减弱，表明更多的光生 ^{1}EX 将能量转移给了发光分子。

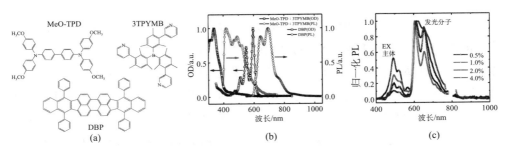

图 4-9 （a）MeO-TPD、3TPYMB 以及 DBP 的分子结构；（b）MeO-TPD∶3TPYMB 主体材料和 DBP 分子的吸收光谱和光致发光光谱；（c）掺有不同浓度 DBP 的 MeO-TPD∶3TPYMB（1∶4）的归一化光致发光光谱（见文末彩图）

图 4-10 描述了光激发下，掺杂了 DBP 分子的 D-A 混合物的有关过程。对于纯 D-A 激基复合物，给体的激发态转化为单线态激基复合物 ^1EX 的初始光激发衰减过程发生得非常快，然后发出荧光。我们可以轻易地假设大多数的光生 ^1EX 会产生荧光；但在这种情况下，由于单线态发光过程本身对磁场不敏感（$S=0$），因此不存在磁场效应。但是，由于 ^1EX 和 ^3EX 状态之间的 ΔE_{ST} 很小，从 ^1EX 到 ^3EX 的系间窜越（ISC）是可行的，这导致在 ^1EX 发光过程中产生大量 ^3EX。最终，由于磁场可以诱导从 ^3EX 到 ^1EX 的 RISC 过程（M-RISC），从而导致 D-A 激基复合物中的 MPL 响应[50]。

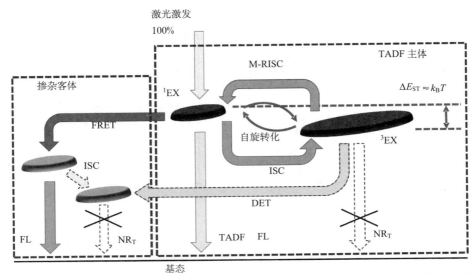

图 4-10 光激发动力学和 M-RISC 过程示意图，其中 M-RISC 过程导致掺有客体荧光分子的 D-A 主体材料产生 MPL 响应

当将发光分子(如 DBP)添加到 D-A 主体材料中时, 可以发生 ^{1}EX 到 S_1 态的 FRET 过程, 由于 DBP 分子的 PL 量子产率较高, 导致其产生了高效的荧光发光。在这种情况下, 由于 T_1 是辐射跃迁禁阻的暗状态, 从主体的 ^{3}EX 态(^{3}EX 会逐渐积累)到荧光分子的三线态(T_1)的 DET 过程被认为是一种损失机制。由于 DET 过程是随浓度增加而变强的短程能量传递, 因此在较高发光分子浓度时, 器件性能可能会降低。实际上, 文献中所报道的 SF-OLED 中的发光分子浓度通常很小, 以避免这种由 DET 过程引起的损耗[16,19]。

图 4-11(a)展示了室温下掺有 1% DBP 的 D-A 混合物中, D-A 主体材料和 DBP 发光分子各自的 MPL(B)响应。此处 MPL(B)定义如下: MPL(B)=[PL(B)−

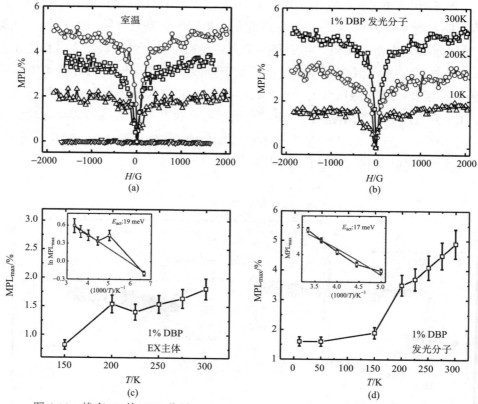

图 4-11 掺有 1%的 DBP 分子 MeO-TPD:3TPYMB(1:4)薄膜的 MPL(B)响应

(a)室温下, 纯激基复合物主体(□)、纯发光分子(▽)以及激基复合物主体(△)和发光分子(○)掺入 1%的 DBP 后的 MPL(B)响应。(b)不同温度下, 掺入 DBP 的发光分子的 MPL(B)响应。(c)和(d)分别对应于激基复合物主体材料和发光分子的 MPL_{max} 对温度的依赖关系, 插图是两个发射带的 MPL_{max}(T) 的 Arrhenius 曲线。通过高温下的线性拟合, 可以得到活化能: 激基复合物 PL 的 E_{act} 约为(19±1)meV, 发光分子的 E_{act} 约为(17±1)meV

PL(0)]/PL(0)，其中 PL(B)/PL(0) 为磁场强度为 B/0 时的 PL 强度。掺有 1% DBP 分子的主体材料和发光分子的 MPL_{max} 分别约为 2% 和 5%。我们注意到，与未掺杂的纯 D-A 混合物薄膜的 MPL_{max}（约 3.5%）相比，掺有 1% DBP 分子的主体材料的 MPL_{max} 较小，而 1% DBP 发光分子的 MPL_{max} 更大[34]。主体（发光分子）的 MPL_{max} 降低（增加），表明 D-A 主体中的 ^1EX 通过 FRET 过程将能量转移给发光分子的 S_1 态（见图 4-10），其中 ^1EX 数目主要受 ^3EX 通过 M-RISC 途径来调控。发光分子的 MPL 响应表明，从 ^1EX 到 S_1 的 FRET 过程比从光激发的主体分子单线态向 S_1 态的直接快速能量转移过程更为有效，因为后者不会表现出任何磁场效应。

发光分子 PL 谱的 MPL(B) 对温度的依赖性如图 4-11(b) 所示；而 D-A 主体材料的 MPL(B) 响应与之行为类似。主体（发光分子）的 MPL 随温度增加而增加，尤其是当温度高于 200 K 时[图 4-11(c)、(d)]时，表现出与 M-RISC 相关的热激活行为[50]。从图 4-11(c)、(d) 中插图可知，从 MPL(T) 的 Arrhenius 曲线分别得到主体材料的活化能约为 (19±1) meV（主体）以及发光分子的活化能约为 (17±1) meV（见表 4-2）。在测量的不确定度范围内可认为这些值是相等的，表明它们源自激基复合物中发生的同一 M-RISC 过程。我们注意到，此处的 E_{act} 小于纯 MeO-TPD：3TPYMB 混合物的 E_{act}（约 30 meV）[50]。因此推测，发光分子与光生激基复合物接近时，会导致活化能的降低；这一现象在掺杂后的 TADF 主体材料中非常明显，因为靠近光生激基复合物的荧光分子优先发光。E_{act} 越小，表明 RISC 过程越有效，这也可用于解释文献报道的 SF-OLED 具有较高量子效率[28-33]。

表 4-2 室温下 MEL_{max} 和从 MEL(T) 计算得到的 E_{act}，以及室温下 MPL_{max} 和从 MPL(T) 计算得到的 E_{act}

发光分子浓度	MEL_{max}	MEL(T) 计算得到的 E_{act}/meV	MPL_{max}		MPL(T) 计算得到的 E_{act}/meV	
			EX	发光分子	EX	发光分子
0.5%	16%	9.5±0.4	3%	4.9%	17±1	14.4±0.4
1%	12%	14.6±0.4	1.7%	4.9%	19±1	17.2±0.4
2%	7%	15.5±0.4	N/A	3.2%	N/A	16.8±0.4
4%	3%	17.2±0.4	N/A	2.5%	N/A	N/A
6%	2%	13.8±0.4	N/A	2.2%	N/A	N/A

图 4-12(a)和(b)展示了室温下，不同发光分子浓度(C, 0.5%～0.6%)的 PL 谱的 MPL(B)响应和 MPL_{max}。表 4-2 总结了实验得到的 MPL_{max} 值和计算得到的 E_{act} 关于浓度的函数。显而易见，MPL(B)响应随浓度的增加而降低，在掺入高浓度荧光分子的 D-A 主体材料中，M-RISC 过程的减弱，三线态向单线态转化的系间窜越受到抑制。随着掺杂浓度的增加，MPL 的降低以及 M-RISC 过程的减弱也反映在 D-A 主体的 MPL_{max} 值中，如表 4-2 所示，当掺杂浓度大于 2%，发光分子的 MPL_{max} 显著降低。这表明从主体的 ^3EX 到发光分子的 T_1 的 DET 过程在较高的掺杂浓度下变得更加有效(见图 4-10)[19, 60]。并且光激发的激基复合物和发光分子之间的平均距离(R)随着掺杂浓度(C)的减小而减小：当 $C > 2\%$ 时，$R < 1.6$ nm。因此，从 ^3EX 到 T_1 的短程 DET 过程，随着掺杂浓度的增加变得越来越有效，从而削弱了 M-RISC 过程，进而导致 MPL 响应的降低。另一种解释是在高掺杂浓度下，主体分子的光激发单线态(S_n)的能量直接快速转移到发光分子的 S_1 态。但这种解释是不合理的，原因如下：①由激基复合物主体和发光分子贡献的总体 PL 强度随掺杂浓度增加而单调降低；②发光分子的 PL 谱带在高掺杂浓度下，MPL 响应仍然显示出热激活行为(见表 4-1)，这表明发光分子的发光主要来自较慢的 RISC 过程，而不是来自于主体分子中 S_n 的快速能量转移。

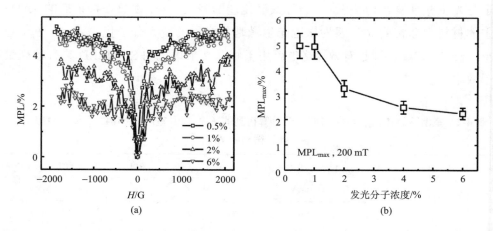

图 4-12　(a)室温下，不同发光分子浓度下，掺杂 DBP 的 MeO-TPD∶3TPYMB(1∶4)薄膜 PL 谱带的 MPL(B)响应；(b)从(a)中得到的 MPL_{max} 与发光分子浓度的关系

4.2.7　SF-OLED 中的 MEL

图 4-13 (a) 描述了掺有 1% DBP 的 MeO-TPD：3TPYMB (1：4) 的 SF-OLED 的 I-V、EL-V 曲线。我们注意到，SF-OLED 的工作电压比未掺杂的激基复合物 OLED 的工作电压低[50]，表明荧光分子可以有效提高发光器件性能。图 4-13 (b) 描绘了掺杂 DBP 的 SF-OLED 器件与未掺杂 DBP 的激基复合物 OLED 的归一化 EL 光谱。未掺杂 DBP 的激基复合物 OLED 的 EL 光谱相对较宽且无特征峰，在约 550 nm 处达到最大值，表现出延迟荧光的典型特征，而在掺杂 DBP 的 SF-OLED 器件 EL 光谱中，该谱带受到较大的抑制。此外，SF-OLED 器件的 EL 谱带要窄得多，在约 602 nm 处出现一个峰值，然后在 660 nm 处出现不同振动能级 (vibrational energy level) 的发光峰，这表明从 D-A 激基复合物主体到 DBP 发光分子间可能存在高效的 FRET 过程。

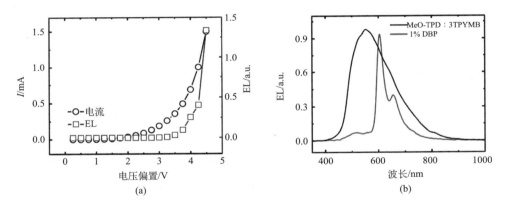

图 4-13　(a) 掺有 1% DBP 的 MeO-TPD：3TPYMB (1：4) 的 SF-OLED 器件的 I-V 和 EL-V 响应图；(b) 掺杂和未掺杂 DBP 的 MeO-TPD：3TPYMB 器件的 EL 谱

图 4-14 描述了可能影响 SF-OLED 器件中电致发光和 MEL 特性的电激发动力学过程。MEL 定义如下：$MEL(B)=[EL(B)-EL(0)]/EL(0)$，其中 $EL(B)/EL(0)$ 是磁场强度为 B/0 时的 EL 强度。在 D-A 主体中注入的电子和空穴首先形成电子-空穴对，然后再弛豫成单线态与三线态对应的激基复合物 ^1EX 和 ^3EX，其数目之比为 1：3。对于未掺杂的纯 D-A 激基复合物主体材料，通过热致 RISC (受外加磁场影响) 增加 ^1EX，来提高设备的 EL 效率。当将 DBP 发光分子引入 D-A 主体材料中时，D-A 主体分子上电注入形成的 ^1EX 可以通过高

效的 FRET 过程将能量转移给 DBP 分子的 S_1 状态，从而提高 DBP 发光分子的发光效率。另一方面，电注入形成的 ^3EX 可能通过 DET 过程衰退为发光分子中不发光的 T_1 态，从而抑制 M-RISC 过程，类似于我们在 PL 和 MPL 响应中提到的损失过程，这可以解释在高浓度下 MEL 响应降低的情况。

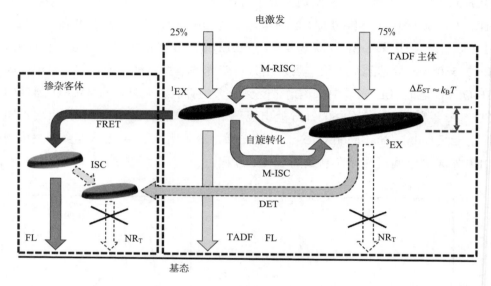

图 4-14　掺有 DBP 的激基复合物的混合材料中，各种电注入激发机制的示意图

图 4-15(a)、(b) 展示了掺有 1% DBP 的 MeO-TPD：3TPYMB(1：4)SF-OLED 器件的 MEL(B) 与所施加偏置电压的关系。显而易见，MEL 随着偏置电压的增加而增加，逐渐达到平稳状态，然后在较高电压下略有下降。在 4.5 V 附近得到最大响应，这可能是在较高电流密度下，荧光分子密度有限而导致 FRET 过程达到饱和所致。我们注意到，同一掺入 DBP 的 MeO-TPD：3TPYMB 器件的 MEL_{max} 大于 MPL_{max}，这表明在 MEL 中存在自旋混合的高能量途径，而在 MPL 中只存在自旋混合的低能量途径[50,53]。掺入 1%DBP 的 SF-OLED 的 MEL(B) 与温度的关系如图 4-15(c)所示；MEL_{max} 与温度的关系如图 4-15(d)所示。我们注意到，与图 4-11(d)所示的 $MPL_{max}(T)$ 类似，MEL_{max} 随着温度的升高而增加。从图 4-15(d)插图中的 Arrhenius 曲线中，可以得到 E_{act} 约为 (14.6±0.4) meV，该值与从 MPL(T) 中获得的值一致，进一步证实此处的 E_{act} 比未掺杂的 TADF-OLED[MEL(T) 中得到的 E_{act} 约为 25 meV] 要小得多。

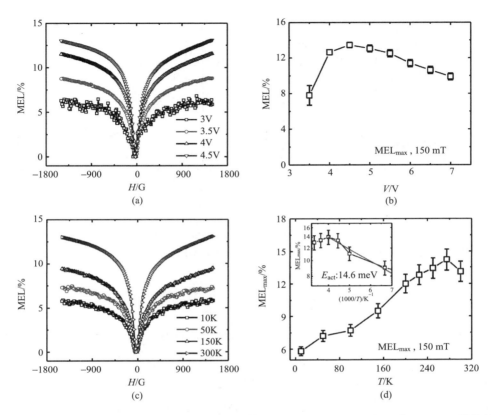

图4-15　(a)室温条件不同偏压下掺有 1% DBP 的 MeO-TPD：3TPYMB(1：4)SF-OLED 器件的 MEL(B)；(b)从(a)中得到的 MEL_{max} 与偏置电压的关系；(c)不同温度下的 MEL(B)；(d)从(c)中得到的 MEL_{max} 与温度的关系，插图是 $MEL_{max}(T)$ 的 Arrhenius 曲线，通过高温下的线性拟合得到活化能 E_{act} 约为(14.6±0.4)meV

图 4-16(a)展示了掺有 DBP 的 MeO-TPD：3TPYMB(1：4)SF-OLED 器件的 MEL(B)与 DBP 掺杂浓度(C)的关系。前面已经在表 4-2 中总结了通过 MEL_{max} 与温度的 Arrhenius 关系得到的相应 E_{act} 值。如图 4-16(b)所示，MEL_{max} 随掺杂浓度增大而急剧下降，与上面讨论的 MPL 情况类似，短程的 DET 过程可能是导致该现象的原因；随着掺杂浓度的增加，直接发生在 DBP 分子上的载流子产生/复合可能是导致 MEL 降低的另一种机制过程[19]。

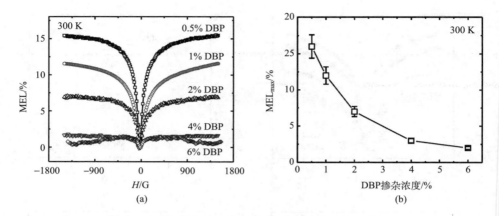

图 4-16　(a)室温下，掺有 DBP 的 MeO-TPD∶3TPYMB（1∶4）的 SF-OLED 器件的 MEL（B）与
DBP 掺杂浓度的关系；（b）从（a）中得到的室温下，MEL_{max} 与 DBP 掺杂浓度的关系

4.2.8　高于室温情况下磁场效应

利用自制的器件恒温箱，我们测试了掺有 1% DBP 的 MeO-TPD∶3TPYMB
（1∶4）的薄膜在温度高于 300 K 时的 MPL（B）与 MEL（B）[图 4-17（a）、（b）]。
我们发现相较于低温下的测量，此时的 MPL_{max} 与 MEL_{max} 值都将减小；这主要
是由于自制的器件恒温箱所能施加的磁场强度（约 50 mT）有限。在 300～320 K
范围内，MPL_{max} 随着温度的升高而增加，这与温度低于 300 K 时 M-RISC 引起

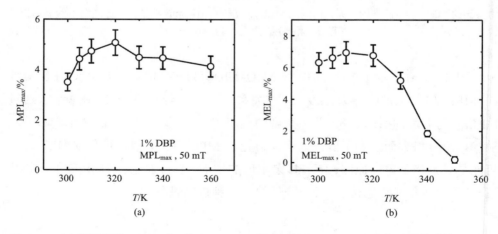

图 4-17　(a)温度高于 300 K 时，掺有 1% DBP 的 MeO-TPD∶3TPYMB（1∶4）薄膜的 MPL_{max}
与温度 T 的关系；（b）与（a）相同的测试条件下，MEL_{max} 与温度 T 的关系

的热激活行为相同。随着温度的进一步升高，MPL_{max} 保持不变，这表明掺杂 DBP 的 D-A 薄膜比未掺杂 DBP 的 D-A 薄膜更稳定。当温度处于 300～320 K 范围时，$MEL(T)$ 测量结果也证实了器件具有良好的稳定性；SF-OLED 的 $MEL(T)$ 稳定性与纯 TADF-OLED 的 $MEL(T)$ 稳定性形成了鲜明对比：纯 TADF-OLED 在温度高于 300 K 时，MEL 随着温度升高而急剧下降[50]，表明更加优异的热稳定性是 SF-OLED 器件的特有优势之一[9, 32]。

当温度高于 320 K 时，与 MPL 相比，MEL 急剧下降。$MPL(T)$ 和 $MEL(T)$ 的不同行为表明，除了 TADF 激基复合物分子受热活化从而增加 MEL_{max} 外，还有其他在较高的温度下会被触发的过程影响 SF-OLED 中的 MEL。例如，较高的温度可以刺激电荷运输。在高温下，与 TADF 竞争的非辐射复合途径也可能被激活，从而显著降低 SF-OLED 中的 MEL 响应，但不影响薄膜中的 MPL 响应。高温下，引起 MEL 降低的另一种可能机制来自于器件在高温下工作时会有更多消耗 T_1 态的途径。

4.3　总结与展望

本章主要介绍了室温下基于激基复合物的 OLED 中在恒压或恒流条件下工作时具有较大 MEL 响应的现象，而该现象在基于传统 π 共轭有机物的普通 OLED 中并不存在。这些发现有助于实现通过磁效应提高 OLED 效率的实际应用。在这类新的 OLED 中，磁场通过影响两种自旋混合途径来增强 RISC：①极化子对的高能级途径；②激基复合物的低能级途径。因此，我们可以通过降低激基复合物低能级途径的能量差 ΔE_{ST} 来增强 MEL 响应。在基于激基复合物的 OLED 中，两个自旋混合途径的潜在机制为 HFI，而主导 $MEL(B)$ 的是"Δg 机制"。通过研究基于相同 D-A 混合物薄膜的 MPL 响应以及 DFT 计算，可以支持我们在此提出的 MEL 模型。

此外，我们还研究了以 MeO-TPD：3TPYMB（1∶4）D-A 激基复合物为主体，掺有不同浓度 DBP 荧光分子的薄膜和 SF-OLED 器件中的 MPL 和 MEL 响应。实验结果表明，MPL 和 MEL 具有热活性，这说明掺杂后的活化能（E_{act}）小于未掺杂的纯 TADF-OLED。与基于未掺杂的纯激基复合物混合物的薄膜和器件相比，从激基复合物主体混合物的 ^1EX 到发光分子的 $^1S_1$ 的 FRET 过程导致荧光增强，但 MEL 和 MPL 反应变小。随着掺杂浓度的增加，我们发现了一种损耗机制，即从激基复合物主体的 ^{3}EX 到 DBP 分子的 ^{3}S$_1$ 的 DET 过程，该过程会与能量从 ^{1}EX 转移到 ^{1}S$_1$ 的 FRET 过程竞争，导致掺有过多 DBP 的 D-A 混合物的 MPL 和 MEL 响应均降低。

我们相信，通过外加磁场调控单重态和三重态之间的转化过程，以及它们生成的相对数量比例，不仅对进一步优化和提高 OLED 发光性能有所帮助，更能为突破电泵浦有机激光中的瓶颈问题提供新的思路。在电注入条件下如何更加有效利用大量产生的三重态是提高发光效率和光学增益系数的共同问题，也是将有机激光从光泵浦推向电泵浦方式面临的重要挑战之一。在这样的前提条件下，研究磁场下有机分子的光学增益变化与受激辐射行为将会打开新的研究方向，并对理解有机体系中光生/电生激发态相关过程带来新的研究手段，为推动有机激光相关基础研究与应用研究提供重要借鉴。

参 考 文 献

[1] Tang C W, Van Slyke S A. Organic electroluminescent diodes. Appl Phys Lett, 1987, 51: 913.

[2] Baldo M, O'Brien D, You Y, et al. Highly efficient phosphorescent emission from organic electroluminescent devices. Nature, 1998, 395: 151-154.

[3] Baldo M, O'Brien D, Thompson M, et al. Excitonic singlet-triplet ratio in a semiconducting organic thin film. Phys Rev B, 1999, 60: 14422.

[4] Zheng C J, Wang J, Ye J, et al. Novel efficient blue fluorophors with small singlet-triplet splitting: Hosts for highly efficient fluorescence and phosphorescence hybrid WOLEDs with simplified structure. Adv Mater, 2013, 25: 2204.

[5] Baldo M, Lamansky S, Burrows P, et al. Very high-efficiency green organic light-emitting devices based on electrophosphorescence. Appl Phys Lett, 1999, 75: 4.

[6] Adachi C, Baldo M, Thompson M, et al. Nearly 100% internal phosphorescence efficiency in an organic light-emitting device. J Appl Phys, 2001, 90: 5048.

[7] Tsuzuki T, Nakayama Y, Nakamura J, et al. Efficient organic light-emitting devices using an iridium complex as a phosphorescent host and a platinum complex as a red phosphorescent guest. Appl Phys Lett, 2006, 88: 243511.

[8] Kalinowski J, Fattori V, Cocchi M, et al. Light emitting devices based on organometallic platinum complexes as emitters. Coord Chem Rev, 2011, 255: 2401-2424.

[9] Kondakov D, Pawlik T, Hatwar T, et al. Triplet annihilation exceeding spin statistical limit in

highly efficient fluorescent organic light-emitting diodes. J Appl Phys, 2009, 106: 124510.

[10] King S, Cass M, Pintani M, et al. The contribution of triplet-triplet annihilation to the lifetime and efficiency of fluorescent polymer organic light emitting diodes. J Appl Phys, 2011, 109: 074502.

[11] Zhang Y, Lei Y, Zhang Q, et al. Thermally activated singlet exciton fission observed in rubrene doped organic films. Org Electron, 2014, 15: 577-581.

[12] Krummacher B C, Choong V E, Mathai M K, et al. Highly efficient white organic light-emitting diode. Appl Phys Lett, 2006, 88: 113506.

[13] Goushi K, Yoshida K, Sato K, et al. Organic light emitting diodes employing efficient reverse intersystem crossing for triplet-to-singlet state conversion. Nat Photon, 2012, 6: 253-258.

[14] Uoyama H, Goushi K, Shizu K, et al. Highly efficient organic light-emitting diodes from delayed fluorescence. Nature, 2012, 492: 234-238.

[15] Dias F B, Bourdakos K N, Jankus V, et al. Triplet harvesting with 100% efficiency by way of thermally activated delayed fluorescence in charge transfer OLED emitters. Adv Mater, 2013, 25: 3707-3714.

[16] Nakanotani H, Higuchi T, Furukawa T, et al. High efficiency organic light-emitting diodes with fluorescent emitters. Nat Commun, 2014, 5: 4016.

[17] Jankus V, Data P, Graves D, et al. Highly efficient TADF OLEDs: How the emitter-host interaction controls both the excited state species and electrical properties of the devices to achieve near 100% triplet harvesting and high efficiency. Adv Funct Mater, 2014, 24: 6178-6186.

[18] Crooker S, Liu F, Kelley M, et al. Spectrally resolved hyperfine interactions between polaron and nuclear spins in organic light emitting diodes: Magneto-electroluminescence studies. Appl Phys Lett, 2014, 105: 153304.

[19] Zhang D, Duan L, Li C, et al. High efficiency fluorescent organic light-emitting devices using sensitizing hosts with a small singlet-triplet exchange energy. Adv Mater, 2014, 26: 5050-5054.

[20] Frederichs B, Staerk H. Energy splitting between triplet and singlet exciplex states determined with E-type delayed fluorescence. Chem Phys Lett, 2008, 460: 116-118.

[21] Seino Y, Inomata S, Sasabe H, et al. High performance green OLEDs using thermally activated delayed fluorescence with a power efficiency of over 100 lm $\cdot$ W^{-1}. Adv Mater, 2016, 28: 2638-2643.

[22] Liu X K, Chen Z, Qing J, et al. Remanagement of singlet and triplet excitons in single-emissive-layer hybrid white organic light-emitting devices using thermally activated delayed fluorescent blue exciplex. Adv Mater, 2015, 27: 7079-7084.

[23] Liu X K, Chen Z, Zheng C J, et al. Prediction and design of efficient exciplex emitters for high-efficiency, thermally activated delayed-fluorescence organic light-emitting diodes. Adv Mater, 2015, 27: 2378-2383.

[24] Deotare P B, Chang W, Hontz E, et al. Nanoscale transport of charge-transfer states in organic donor-acceptor blends. Nat Mater, 2015, 14: 1130-1134.

[25] Zhang Q, Li B, Huang S, et al. Efficient blue organic light-emitting diodes employing thermally activated delayed fluorescence. Nat Photon, 2014, 8: 326-332.

[26] Kim J U, Park I S, Chan C-Y, et al. Nanosecond-time-scale delayed fluorescence molecule for deep-blue OLEDs with small efficiency rolloff. Nat Commun, 2020, 11: 1765.

[27] Kaji H, Suzuki H, Fukushima T, et al. Purely organic electroluminescent material realizing 100% conversion from electricity to light. Nat Commun, 2015, 6: 8476.

[28] Song W, Lee I, Lee J Y, Host engineering for high quantum efficiency blue and white fluorescent organic light-emitting diodes. Adv Mater, 2015, 27: 4358-4363.

[29] Higuchi T, Nakanotani H, Adachi C. High-efficiency white organic light-emitting diodes based on a blue thermally activated delayed fluorescent emitter combined with green and red fluorescent emitters. Adv Mater, 2015, 27: 2019-2023.

[30] Song W, Lee I H, Hwang S H, et al. High efficiency fluorescent white organic light-emitting diodes having a yellow fluorescent emitter sensitized by a blue thermally activated delayed fluorescent emitter. Org Electron, 2015, 23: 138-143.

[31] Liu X K, Chen Z, Zheng C J, et al. Nearly 100% triplet harvesting in conventional fluorescentdopant-based organic light-emitting devices through energy transfer from exciplex. Adv Mater, 2015, 27: 2025-2030.

[32] Furukawa T, Nakanotani H, Inoue M, et al. Dual enhancement of electro-luminescence efficiency and operational stability by rapid upconversion of triplet excitons in OLEDs. Sci Rep, 2015, 5: 8429.

[33] Lee D R, Kim B S, Lee C W, et al. Above 30% external quantum efficiency in green delayed fluorescent organic light-emitting diodes. ACS Appl Mater Inter, 2015, 7: 9625-9629.

[34] Hu B, Yan L, Shao M. Magnetic-field effects in organic semiconducting materials and devices. Adv Mater, 2009, 21: 1500-1516.

[35] Nguyen T D, Ehrenfreund E, Vardeny Z V. Spin-polarized light-emitting diode based on an organic bipolar spin valve. Science, 2012, 337: 204-209.

[36] Wang J, Chepelianskii A, Gao F, et al. Control of exciton spin statistics through spin polarization in organic optoelectronic devices. Nat Commun, 2012, 3: 1191.

[37] Kersten S, Schellekens A, Koopmans B, et al. Magnetic-field dependence of the electroluminescence of organic lightemitting diodes: A competition between exciton

formation and spin mixing. Phys Rev Lett, 2011, 106: 197402.

[38] Prigodin V, Bergeson J, Lincoln D, et al. Anomalous room temperature magnetoresistance in organic semiconductors. Synth Met, 2006, 156: 757.

[39] Desai P, Shakya P, Kreouzis T, et al. Magnetoresistance and efficiency measurements of Alq$_3$-based OLEDs. Phys Rev B, 2007, 75: 094423.

[40] Koopmans B, Wagemans W, Bloom F L, et al. Spin in organics: A new route to spintronics. Phil Trans R Soc A, 2011, 369: 3602.

[41] Cox M, Janssen P, Zhu F, et al. Traps and trions as origin of magnetoresistance in organic semiconductors. Phys Rev B, 2013, 88: 035202.

[42] Ehrenfreund E, Vardeny Z V. Effects of magnetic field on conductance and electroluminescence in organic devices. Isr J Chem, 2012, 52: 552-562.

[43] Endo A, Sato K, Yoshimura K, et al. Efficient up-conversion of triplet excitons into a singlet state and its application for organic light emitting diodes. Appl Phys Lett, 2011, 98: 083302.

[44] Mermer Ö, Veeraraghavan G, Francis T, et al. Large magnetoresistance in nonmagnetic π-conjugated semiconductor thin film devices. Phys Rev B, 2005, 72: 205202.

[45] Bergeson J, Prigodin V, Lincoln D, et al. Inversion of magnetoresistance in organic semiconductors. Phys Rev Lett, 2008, 100: 067201.

[46] Steiner U E, Ulrich T. Magnetic field effects in chemical kinetics and related phenomena. Chem Rev, 1989, 89: 51-147.

[47] Sheng Y, Nguyen T, Veeraraghavan G, et al. Hyperfine interaction and magnetoresistance in organic semiconductors. Phys Rev B, 2006, 74: 045213.

[48] Devir-Wolfman A H, Khachatryan B, Gautam B R, et al. Short-lived charge-transfer excitons in organic photovoltaic cells studied by high field magneto-photocurrent. Nat Commun, 2014, 5: 4529.

[49] Gautam B R, Nguyen T D, Ehrenfreund E, et al. Magnetic field effect on excited-state spectroscopies of π-conjugated polymer films. Phys Rev B, 2012, 85: 205207.

[50] Basel T, Sun D, Baniya S, et al. Magnetic field enhancement of organic light-emitting diodes based on electron donor-acceptor exciplex. Adv Electron Mater, 2016, 2: 1500248.

[51] Wang Y, Sahin-Tiras K, Harman N J, et al. Immense magnetic response of exciplex light emission due to correlated spin-charge dynamics. Phys Rev X, 2016, 6: 011011.

[52] Ling Y, Lei Y, Zhang Q, et al. Large magneto-conductance and magneto-electroluminescence in exciplex based organic light-emitting diodes at room temperature. Appl Phys Lett, 2015, 107: 213301.

[53] Zhang C, Sun D, Sheng C X, et al. Magnetic field effects in hybrid perovskite devices. Nat Phys, 2015, 11: 427-434.

[54] Fan C F, Olafson B D, Blanco M, et al. Application of molecular simulation to derive phase diagrams of binary mixtures. Macromolecules, 1992, 25: 3667-3676.

[55] Blanco M. Molecular silverware. I. General solutions to excluded volume constrained problems. J Comput Chem, 1991, 12: 237-247.

[56] Monkman A, Burrows H, Hartwell L, et al. Triplet energies of π-conjugated polymers. Phys Rev Lett, 2001, 86: 1358.

[57] Wagemans W, Schellekens A J, Kemper M, et al. Spin-spin interactions in organic magnetoresistance probed by angle-dependent measurements. Phys Rev Lett, 2011, 106: 196802.

[58] Cox M, Zhu F, Veerhoek J M, et al. Anisotropic magnetoconductance in polymer thin films. Phys Rev B, 2014, 89: 195204.

[59] Nguyen T D, Hukic-Markosian G, Wang F, et al. Isotope effect in spin response of π-conjugated polymer films and devices. Nat Mater, 2010, 9: 345-352.

[60] Zhang Y F, Slootsky M, Forrest S R. Enhanced efficiency in high-brightness fluorescent organic light emitting diodes through triplet management. Appl Phys Lett, 2011, 99: 223303.

第**5**章

光学谐振腔理论

光学谐振腔(optical resonant cavity)为光波在其中来回反射从而形成光能反馈的空腔。激光器通常由两块与增益介质轴线垂直的平面或凹球面反射镜构成,该两块反射镜即构成了谐振腔。

光学谐振腔的作用:倍增激光增益介质的受激放大作用长度以形成光的高亮度;提高光源发光的方向性;由于激光器谐振腔中分立的振荡模式的存在,大大提高输出激光的单色性,实现高度的相干性,改变输出激光的光束结构以及输出特性。本章主要介绍光学谐振腔的模式、稳定性以及其衍射积分理论。

5.1 光学谐振腔的作用及模式

5.1.1 光学谐振腔的作用

1. 产生和维持光放大

如图 5-1 在谐振腔中,光信号能多次反复地沿着腔轴的方向通过工作介质,不断获得光放大,信号越来越强,达到饱和,形成激光输出。

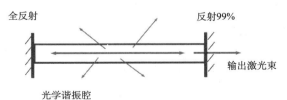

图 5-1   光在谐振腔作用下实现光放大示意图

2. 改善激光方向性

凡是传播方向偏离腔轴方向的光子，很快逸出腔外被淘汰，只有沿着腔轴方向传播的光子才能在谐振腔中不断地往返运行从而得到光放大，所以输出激光具有很好的方向性。

3. 改善激光单色性

激光在谐振腔中来回反射，相干叠加，形成以反射镜为波节的驻波。由于两端为波节，所以腔长 L 满足：

$$L = q\frac{\lambda_q}{2} \quad q = 1, 2, \cdots \quad \text{或频率 } v_q = q\frac{c}{2nL} \tag{5-1}$$

式中，λ_q——腔的谐振波长；

v_q——腔的谐振频率；

q——产生驻波的数量；

n——光腔内介质的折射率。

只有满足式(5-1)波长的光子才可能在腔内形成稳定的振荡而不断得到放大，其他波长的光很快就会衰减而淘汰，如图 5-2 所示。谐振腔的这种选频作用(共振频率)，极大地提高了输出激光的单色性[1]。

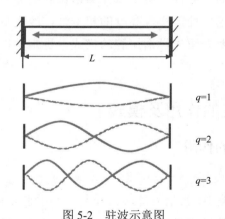

图 5-2　驻波示意图

5.1.2　光学谐振腔的模式

光学谐振腔的几何尺寸远大于光的波长，因此必须研究光的电磁场在谐振腔内的分布问题，即所谓谐振腔的模式问题。

激光电磁场空间分布情况(模式)与腔结构之间的关系:光场稳定的纵向分布称纵模,横向分布称横模。

模的三个基本特征,主要指的是:

(1)每一个模的电磁场分布,特别是在腔的横截面内的分布;

(2)每一个模在腔内往返一次经受的相对功率损耗;

(3)与每一个模相对应的激光束的发散角。

原则上说,只要知道了腔的参数,就可以唯一地确定模的上述特征。

1. 光学谐振腔的纵模

如图 5-3 所示,为了能在腔内形成稳定的振荡,要求光波能够因干涉而得到加强。因此,光波从某点出发,在腔内往返一次再回到原位时,应与初始光波同相位,即入射波与反射波相位差是 2π 的整数倍。

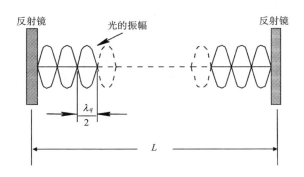

图 5-3　纵模示意图

(1)谐振腔的纵模频率(共振频率)为

$$\Delta\varphi = \frac{2\pi}{\lambda_0}\cdot 2nL = q\cdot 2\pi \rightarrow L = q\frac{\lambda_0/n}{2} = q\frac{\lambda_q}{2} \rightarrow v_q = q\frac{c}{2nL} \quad (q = 1, 2, \cdots) \quad (5\text{-}2)$$

式中,n——谐振腔内增益介质折射率。

通常把由 q 值所表示的腔内的纵向场分布称为谐振腔的纵模,不同的 q 值相应于不同的纵模。从式(5-2)中可看出,q 值决定纵模的谐振腔频率。

(2)谐振腔内相邻两个纵模频率(共振频率)差值(纵模间隔)为

$$v_q = q\frac{c}{2nL} \quad (5\text{-}3)$$

$$v_{q+1} = (q+1)\frac{c}{2nL} \tag{5-4}$$

$$\Delta v_q = \frac{c}{2nL} \tag{5-5}$$

由式(5-2)至式(5-5)以及图 5-4 可见，Δv_q 与 q 值无关，对于给定的谐振腔来说，纵横间隔是常数，因此谐振腔的纵模的频谱是等距离排列的频率梳。

当 q 值只有 1 时，称单纵模；当 q 值个数大于或等于 2 时，称多纵模。

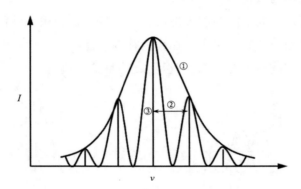

图 5-4　谐振腔的纵模频谱

①单纵模；②多纵模间距；③多纵模

2. 光学谐振腔的横模

在谐振腔中，垂直于传播方向上某一横截面上的稳定场分布被称为横模，又称自再现模，即在强反射镜面上经过一次往返传播能"自再现"的稳定场分布，相对分布不受衍射影响，其沿传播方向上的分布如图 5-5 所示，其横截面上的分布如图 5-6 所示。

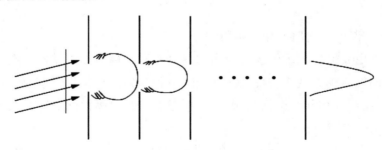

图 5-5　谐振腔横模的产生示意图

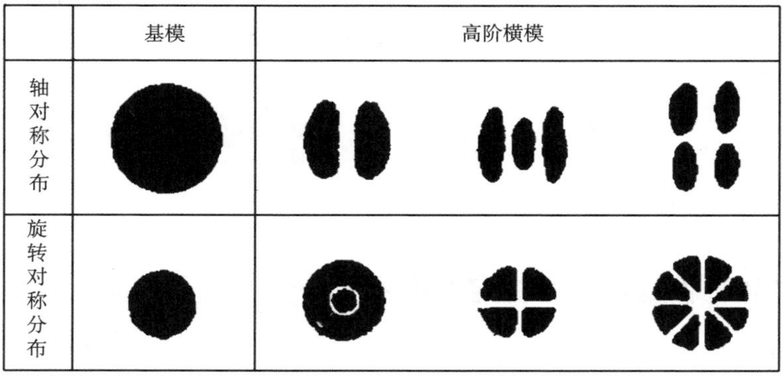

	基模	高阶横模		
轴对称分布				
旋转对称分布				

图 5-6 横模电磁场分布示意图

激光腔内可能存在多个横模(图 5-7),一般将具有最高对称性的模(基模),标记为 TEM_{00},其截面是对称的,强度是高斯分布的,在激光光束的横截面上各点的位相相同,空间相干性最好。而高阶横模 TEM_{mn}(m 是 x 方向上的节线数,n 是 y 方向上的节线数)的产生对于激光的性能是不利的,可以通过改变激光介质、反射镜的尺寸等来抑制。

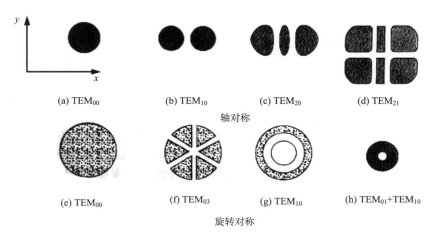

(a) TEM_{00} (b) TEM_{10} (c) TEM_{20} (d) TEM_{21}

轴对称

(e) TEM_{00} (f) TEM_{03} (g) TEM_{10} (h) $TEM_{01}+TEM_{10}$

旋转对称

图 5-7 输出光的横向分布示意图

纵模和横模各从一个侧面反映了谐振腔内稳定的光场分布,只有同时运用横模和纵模的观念才能全面反映腔内的光场分布。同时,不同的纵模和横模都各自对应不同的光场分布和频率,但是不同纵模光场分布之间差异很小,不能用肉眼观察到，只能从频率的差异区分它们，而不同的横模，由于光场分布差异较大，很容易从光斑图形来区分[2]。

5.2 光学谐振腔的稳定性

5.2.1 共轴球面谐振腔的稳定性条件

谐振腔的稳定性条件：腔内傍轴光线(沿着谐振腔轴而传播的光)经过任意无限次往返却不逸出腔外，即傍轴光线几何损耗为零，其数学表达式为

$$\frac{1}{2}|A+D|<1 \quad 或 \quad 0<g_1 g_2<1 \tag{5-6}$$

对腔长为 L，两镜面曲率半径分别为 R_1 和 R_2 的谐振腔，入射光线经光学系统后引起的坐标变化用矩阵 $\begin{bmatrix} A & B \\ C & D \end{bmatrix}$ 表示，描述光线在腔内往返传输。g 是腔几何参数因子，$g=1-\dfrac{L}{R}$，即 $g_1=1-\dfrac{L}{R_1}$，$g_2=1-\dfrac{L}{R_2}$。

稳定条件的数学表达形式[式(5-7)至式(5-9)]：

稳定腔：

$$\frac{1}{2}|A+D|<1 \quad 或 \quad 0<g_1 g_2<1 \tag{5-7}$$

非稳定腔：

$$\frac{1}{2}|A+D|>1 \quad 或 \quad g_1 g_2>1 \quad 或 \quad g_1 g_2<0 \tag{5-8}$$

临界腔：

$$\frac{1}{2}|A+D|=1 \quad 或 \quad g_1 g_2=1 \quad 或 \quad g_1 g_2=0 \tag{5-9}$$

判断依据：腔内是否存在稳定振荡的高斯光束，如图 5-8 所示。

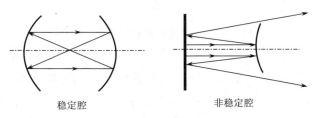

稳定腔　　　　　　　　　非稳定腔

图 5-8　稳定腔与非稳定腔

5.2.2 共轴球面谐振腔的稳定性及其分类

1. 稳定性几何判别法

(1)任一镜的两个特征点(即顶点和曲率中心)之间,只包含另一镜的一个特征点时,为稳定;包含两个特征点或不含特征点时为非稳。

(2)两镜特征点有重合时,一对重合为非稳,两对重合为稳定。

2. 共轴球面谐振腔的分类

1)稳定腔

腔内傍轴光线经过无限次往返传播后仍不逸出腔外的谐振腔。包括双凹稳定腔、平凹稳定腔和凸凹稳定腔,以及共焦腔和半共焦腔。

(1)双凹稳定腔:有两个凹面镜组成的共轴球面腔为双凹腔。符合以下两种情况下属于稳定腔:

其一: $R_1 > L$ 且 $R_2 > L$ [图 5-9(a)];

其二: $R_1 < L$, $R_2 < L$ 且 $R_1 + R_2 > L$ [图 5-9(b)]

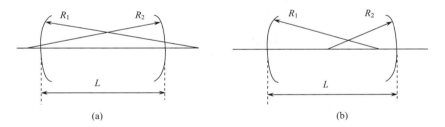

(a)   (b)

图 5-9 　双凹稳定腔的稳定条件示意图

当 $R_1 = R_2$ 时,为对称双凹腔。

(2)平凹稳定腔:有一个凹面镜和平面镜组成的共谐振腔。该腔的稳定条件为 $R > L$ (图 5-10)。

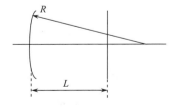

图 5-10 　平凹稳定腔的稳定条件示意图

(3)凸凹稳定腔：有一个凹面镜和凸面镜组成的共轴球面腔。这种腔的稳定条件：$R_1 < 0$，$R_2 > L$，$R_1 + R_2 < L$或者$R_2 > L$且$|R_1| > R_2 - L$（图 5-11）。

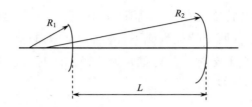

图 5-11　凸凹稳定腔的稳定条件

(4)共焦腔：$R_1 = R_2 = L$，是一种很特殊的稳定腔。

(5)半共焦腔：平面镜和凹面镜（$R = 2L$）组成的腔。

2）非稳腔

腔内光线经过有限次往返传播后逸出腔外的谐振腔。

(1)双凹非稳腔：稳定条件有两种情况：

第一种：$R_1 < L$且$R_2 > L$［图 5-12（a）］；

第二种：$R_1 + R_2 < L$［图 5-12（b）］。

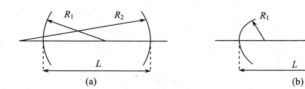

图 5-12　双凹非稳腔的稳定条件示意图

(2)平凹非稳腔：稳定条件为$R_1 < L$且$R_2 = \infty$（图 5-13）。

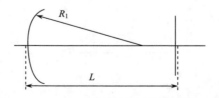

图 5-13　平凹非稳腔的稳定条件

（3）凸凹非稳腔：稳定条件有以下两种情况。

第一种：$R_2 < 0$，$0 < R_1 < L$［图 5-14（a）］；

第二种：$R_2 < 0$，$R_1 + R_2 > L$［图 5-14（b）］。

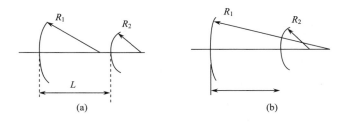

图 5-14　凸凹非稳腔的稳定条件示意图

（4）双凸非稳腔：两个凸面镜以任意间距组成的谐振腔。双凸腔都是非稳腔。$R_1 < 0$，$R_2 < 0$（图 5-15）。

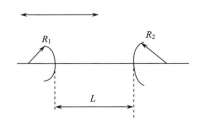

图 5-15　双凸非稳腔的稳定条件示意图

（5）平凸非稳腔：由一个凸面镜和平面镜以任意间距组成的谐振腔。平凸腔都是非稳腔。$g_1 g_2 > 1$（图 5-16）。

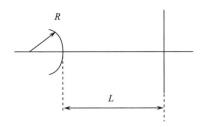

图 5-16　平凸非稳腔的稳定条件示意图

3)临界腔

介于稳定腔与非稳定腔之间,只有少数特定光线(截面平行于反射镜面的光线)在腔内往返传播不逸出的谐振腔。

临界腔包括平行平面腔、共心腔、半共心腔。

5.2.3 谐振腔稳定性小结

双凹腔: $R_1 > L$, $R_2 > L$ 或 $R_1 < L$, $R_2 < L$ 且 $R_1 + R_2 > L$ 时为稳定腔;对称双凹腔: $2R > L$ 时为稳定腔;

凹凸腔: $R_1 < 0$, $R_2 > L$, $R_1 + R_2 < L$ 或者 $R_2 > L$ 且 $|R_1| > R_2 - L$ 时为稳定腔;

平凹腔: $R > L$ 时为稳定腔;

共焦腔和半共焦腔为稳定腔。

双凸腔、平凸腔、双平腔为非稳腔。

临界腔介于稳定腔和非稳腔之间。

5.3 光学谐振腔的衍射积分理论

惠更斯-菲涅耳原理:一个光波波前上的每一点都可以看成是新的子波源,从这些点发出球面子波,空间光场就是这些子波在该点干涉叠加的结果。

5.3.1 经典标量衍射理论

相干光学系统由自由空间中的光学元件组成,且光源是空间相干的。为了研究相干光学系统,下面首先分析相干光场在自由空间的传输特性,然后讨论光学元件对光场的变换特性。

1. 自由空间的标量衍射理论

根据惠更斯-菲涅耳原理的数学表达式,利用二次曲面来代替球面的惠更斯波,可以得到傍轴光学系统的权重函数(脉冲响应)[3]:

$$h(x_i - x_0, y_i - y_0) = \frac{\exp(jkz)}{j\lambda z} \exp\left\{ \frac{jk}{2z} \left[(x_i - x_0)^2 + (y_i - y_0)^2 \right] \right\} \tag{5-10}$$

脉冲响应是函数通过系统的傅里叶变换,式中 x_0、y_0、x_i、y_i 分别为物平面和双测平面的坐标，z 为物平面到双测平面的距离，$j=-1$，波数 $k=2\pi/\lambda$，λ 为光波长，在观测平面上的衍射光场可以表示为物平面上光场 $U(x_0,y_0)$ 与脉冲响应 h 的卷积，即

$$U(x_i,y_i)=\frac{\exp(jkz)}{j\lambda z}\iint_{-\infty}^{\infty}U(x_0,y_0)\times\exp\left\{\frac{jk}{2z}\left[(x_i-x_0)^2+(y_i-y_0)^2\right]\right\}\mathrm{d}x_0\mathrm{d}y_0$$

$$(5-11)$$

该式即菲涅尔近似公式。对式 (5-10) 表示的脉冲响应进行傅里叶变换后，得到光场在自由空间的传递函数：

$$H(f_x,f_y)=\exp(ikz)\exp\left[-j\pi\lambda z\left(f_x^2+f_y^2\right)\right] \qquad (5-12)$$

由傅里叶变换的卷积定理，引入傅里叶变换和傅里叶逆变换符号 $\zeta\{\}$ 和 $\zeta^{-1}\{\}$，可以将式 (5-11) 改写为

$$U(x_i,y_i)=\zeta^{-1}\left\{H(f_x,f_y)\zeta\left[\mathrm{U}(x_0,y_0)\right]\right\} \qquad (5-13)$$

显然，如果直接利用式 (5-13)，求出观测平面的光场需要进行傅里叶变换、傅里叶逆变换各一次，并且必须选择适当的空间比例，使得传递函数 $H(f_x,f_y)$ 在 $f_x=\dfrac{x_0}{\lambda z}$，$f_y=\dfrac{y_0}{\lambda z}$ 处取值，以保证在观测平面上有正确的空间标度。因此，为了快速模拟相干光场在自由空间的传输，必须对计算过程进行简化。

再回到式 (5-11)，将积分核中的二次项展开，并引入变量 $\xi=\dfrac{x_0}{\lambda z}$、$\eta=\dfrac{y_0}{\lambda z}$ 得到，

$$U(x_i,y_i)=-jkz\exp(jkz)\exp\left[\frac{jk}{2z}\left(x_i^2+y_i^2\right)\right]$$
$$\times\iint_{+\infty}^{\infty}U(\lambda z\xi,\lambda z\eta)\exp\left[j\pi\lambda z\left(\xi^2,\eta^2\right)\right] \qquad (5-14)$$
$$\exp\left[-j2\pi(x\xi+y\eta)\right]\mathrm{d}\xi\mathrm{d}\eta$$

引入傅里叶变换符号后，式 (5-14) 变为

$$U(x_i,y_i)=-jkz\exp(jkz)\exp\left[\frac{jk}{2z}\left(x_i^2+y_i^2\right)\right]\times\zeta\left\{U(\lambda z\xi,\lambda z\eta)\exp\left[j\pi\lambda z\left(\xi^2,\eta^2\right)\right]\right\}$$

$$(5-15)$$

由于傅里叶变换可以用快速傅里叶变换（fast Fourier transform，FFT）方法[4]来处理，因此，利用式（5-15）即可快速模拟光场在自由空间中的传输。

2. 柯林斯公式

柯林斯（Collins）将经典标量衍射理论与描述光线传输的矩阵光学理论联系到一起，使得衍射积分大为简化。柯林斯在满足波方程的光程函数中引入光线矩阵，并利用入射平面和出射平面能量守恒原理，得到傍轴 *ABCD* 光学系统的衍射积分形式[5]：

$$U_2(x_2,y_2) = -\frac{\exp(jkL)}{j\lambda B} \times \iint_{-\infty}^{\infty} U_1(x_1,y_1)$$
$$\exp\left\{\frac{jk}{2B}\left[A(x_1^2+y_1^2)-D(x_2^2+y_2^2)-2(x_1x+y_1y)\right]\right\}dx_1dy_1 \tag{5-16}$$

式中，$j=-1$；

L——沿轴上的光程；

$U_1(x_1,y_1)$——光学系统入射平面上的光波复振幅；

$U_2(x_2,y_2)$——光波穿过光学系统后观察平面上的复振幅；

λ——光波长。

上式即为柯林斯公式，或称广义惠更斯-菲涅耳公式。

下面考虑几种特殊情况。对只有单个薄透镜的光学系统。假定薄透镜的焦距为 f，放置在与入射平面和出射平面的距离分别为 d_1 和 d_2 处，则相应的光线矩阵元素为

$$A = \frac{f-d}{f}, \quad C = \frac{f^2-(f-d_1)(f-d_2)}{f}, \quad D = \frac{f-d_2}{f} \tag{5-17}$$

由式（5-17），得到单透镜系统衍射光场的积分形式：

$$E_2(x_2,y_2) = -\frac{ik}{2\pi}\frac{fe^{ikL_0}}{[f^2-(f-d_1)(f-d_2)]}\iint_{-\infty}^{\infty} E(x_0,y_0)$$
$$\exp\left\{\frac{ik\left[\left((x_0^2+y_0^2)(f-d_2)-2f(x_0x_2+x_0y_2)\right)+(f-d_1)(x_2^2+y_2^2)\right]}{2\left[f^2-(f-d_1)(f-d_2)\right]}\right\}dx_0dy_0$$

$$\tag{5-18}$$

如果 $d_1=d_2=f$，由式 (5-18) 可知，输出平面的衍射场为输入光场的傅里叶变换，这与傅里叶光学的结果是一致的；再者如果积分限 $\to\infty$，式 (5-18) 即变为自由空间的菲涅耳衍射积分形式。

当光学系统为成像系统，即输入平面和输出平面为满足几何光学的物、像平面关系的共轭面，$C=0$，此时需用矩阵元关系 $AD-BC=1$ 对柯林斯公式作变换。考虑傍轴光学系统，积分限 $\to\infty$，此时有

$$E_N\left(x_N,y_N\right)=\frac{1}{D}\exp\left\{ik\left[L_0+\frac{B}{2D}\left(x_N^2+y_N^2\right)\right]\right\}E_0\left(\frac{x_N}{D},\frac{y_N}{D}\right) \tag{5-19}$$

由式 (5-19)，E_0 和 E_N 成比例关系，或称 E_N 为 E_0 的像，这就是著名的像传递原理，该原理已广泛应用于多次成像系统的设计。由上分析可知，当积分限 $\to\infty$，观测平面是傍轴光学系统的像平面时，柯林斯公式得到的结果是无衍射受限的理想像光场。

3. 菲涅耳-基尔霍夫衍射积分公式

如图 5-17 所示：设空间某一曲面 S 上光波场的振幅和相位分布函数是 $u(x',y')$，由它在所要考察的空间任一点 P 处产生的光场分布 $u(x,y)$ 为

$$u(x,y)=\frac{ik}{4\pi}\iint_s u\left(x',\ y'\right)\frac{\mathrm{e}^{-ik\rho}}{\rho}\left(1+\cos\theta\right)\mathrm{d}s' \tag{5-20}$$

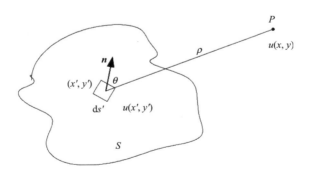

图 5-17　光场空间位置示意图

式 (5-20) 中，$k=2\pi/\lambda$ 为波矢的模；ρ 为源点 (x', y') 与观察点 (x, y) 之间连线的长度；θ 为 S 面上点 (x', y') 处的法线 n 与上述连线时间的夹角；$\mathrm{d}s'$ 为 S 面上点 (x', y') 处的面积元，积分沿整个 S 面进行。

式 (5-20) 的含义：$u(x', y')\mathrm{d}s'$ 比例与子波源的强弱；$\mathrm{e}^{-ik\rho}/\rho$ 描述球面子波；$(1+\cos\theta)$ 表示球面子波是非均匀的。

$$u_2(x, y) = \frac{ik}{4\pi} \iint_{S_1} u_1(x', y') \frac{\mathrm{e}^{-ik\rho}}{\rho} (1 + \cos\theta) \mathrm{d}s' \tag{5-21}$$

式中，$u(x', y')$ 是镜 I 上的场分布；$u_2(x, y)$ 是 u_1 经腔内一次渡越在镜 II 上形成的场分布，如图 5-18 所示。

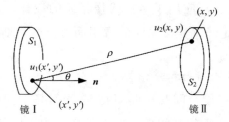

图 5-18 反射镜空间位置示意图

经 J 次渡越后，生成的场 u_{j+1} 与 u_j 的关系为

$$u_{j+1}(x, y) = \frac{ik}{4\pi} \iint_s u_j(x', y') \frac{\mathrm{e}^{-ik\rho}}{\rho} (1 + \cos\theta) \mathrm{d}s' \tag{5-22}$$

若 L 远大于镜面的线度，θ 很小，有

$$\cos\theta \approx 1; \quad \rho \approx L; \quad \frac{1+\cos\theta}{\rho} = \frac{2}{L} \tag{5-23}$$

因此

$$u_{j+1}(x, y) = \frac{i}{\lambda L} \iint_{s_1} u_j(x', y') \mathrm{e}^{-ik\rho} \mathrm{d}s' \tag{5-24}$$

对于对称腔，所谓自再现模就是场在腔内渡越一次后，除振幅衰减、相位移动外，场的分布保持不变。即

$$\begin{cases} u_{j+1} = \dfrac{1}{\gamma} u_j \\[2mm] u_{j+2} = \dfrac{1}{\gamma} u_{j+1} \end{cases} \quad (\gamma\text{是与坐标无关的复常数})$$

代入衍射积分公式，得

$$u_j(x,y) = \gamma \frac{i}{\lambda L} \iint_{s_1} u_j(x',\ y') \mathrm{e}^{-ik\rho} \mathrm{d}s' \tag{5-25}$$

$$u_{j+1}(x,y) = \gamma \frac{i}{\lambda L} \iint_{s_1} u_{j+1}(x',\ y') \mathrm{e}^{-ik\rho} \mathrm{d}s' \tag{5-26}$$

腔内可能存在着稳定共振光波场，它们从一个腔镜传播到另一个腔镜时，虽然受到了衍射效应的作用，但其在两个腔镜处的相对振幅和相对相位分布保持不变。

共振光波场在腔内多次往返过程中始终保持自再现的条件。

以 $v(x,y)$ 表示腔内不受衍射影响的稳定场分布函数，则

$$v(x,y) = \gamma\, K(x,y,x',y') v(x',y') \mathrm{d}s' \tag{5-27}$$

其中

$$K(x,y,x',y') = \frac{i}{\lambda L} \mathrm{e}^{-ik\rho(x,y,x',y')} \tag{5-28}$$

积分方程是一个本征方程，其解可能不止一个，以 $v_{mn}(x,y)$ 表示其第 mn 个解，mn 表示相应的复常数，则可改写成

$$v_{mn}(x,y) = \gamma_{mn}\, K(x,y,x',y') v_{mn}(x',y') \mathrm{d}s' \tag{5-29}$$

式中，γ_{mn} 称为方程的本征值，$v_{mn}(x,y)$ 称为与本征值 γ_{mn} 相应的本征函数，本征函数的模描述开腔镜面上光场的振幅分布，幅角则描述镜面上光场的相位分布。

5.3.2 模的单程损耗

损耗包括衍射损耗和几何损耗，但主要是衍射损耗，称为单衍射损耗，用 δ 表示，定义为

$$\delta = \frac{\left|u_j\right|^2 - \left|u_{j+1}\right|^2}{\left|u_j\right|^2} \tag{5-30}$$

γ_{mn} 所对应的单程损耗为

$$\delta_{mn} = 1 - \left|\frac{1}{\gamma_{mn}}\right|^2 \tag{5-31}$$

单程损耗随横模模式的不同而不同，γ_{mn} 越大，模的单程损耗越大。

5.3.3　单程总相移

自再现模在对称开腔中单程渡越的总相移 $\delta\Phi$ 定义为

$$\delta\Phi = \arg u_{j+1} - \arg u_j \tag{5-32}$$

对称开腔自再现模的谐振条件为

$$\delta\Phi_{mn} = \arg\frac{1}{\gamma_{mn}} = q\pi \tag{5-33}$$

5.3.4　复常数的物理意义

γ 的膜量度自再现模的单程损耗；

γ 的辐角量度自再现模的单程相移，决定模的谐振频率。

综上：惠更斯-菲涅耳原理提供了用干涉解释衍射的基础；菲涅耳发展了惠更斯原理，从而深入认识了衍射现象。它是研究光衍射现象的基础，也是开腔模式问题的理论基础。

5.4　其他光学谐振腔

5.4.1　光学谐振腔的种类

在激活介质两端适当的放置两个反射镜，可构成最简单的光学谐振腔。由两个或多个反射镜按一定方式组合，可以构成不同种类的光学谐振腔。

根据结构、性能和机理等方面的不同，谐振腔有不同的分类方式。按照能否忽略侧边边界，可将其分为开腔、闭腔和气体波导腔。按组成谐振腔的两块反射镜的形状及它们的相对位置，可将光学谐振腔分为：平行平面腔、平凹腔、对称凹面腔、凸面腔等。平凹腔中如果凹面镜的焦点正好落在平面镜上，则称为半共焦腔；如果凹面镜的球心落在平面镜上，便构成半共心腔。对称凹面腔中两块反射球面镜的曲率半径相同。如果反射镜焦点都位于腔的中点，便称为对称共焦腔。如果两球面镜的球心在腔的中心，则称为共心腔。另外，在研究激子与光子之间的相互作用时，所用微腔包括半导体微腔、金属微腔、回音壁微腔和光子晶体微腔。

1. 闭腔、开腔、气体波导腔

固体激光器的工作介质通常具有比较高的折射率，因此在侧壁上将发生大量的全反射。如果腔的反射镜紧贴激光棒的两端，则在理论上分析这类腔时，应作为介质腔来处理。半导体激光器是一种真正的介质波导腔。这类光学谐振腔称为闭腔，如图 5-19 所示。

这是激光技术历史上最早提出的平行平面腔(FP 腔)。后来又广泛采用了由两块具有公共轴线的球面镜构成的谐振腔。从理论上分析这些腔时，通常认为侧面没有光学边界，因此将这类谐振腔称为开放式光学谐振腔，简称开腔，如图 5-20所示。

图 5-19　闭腔

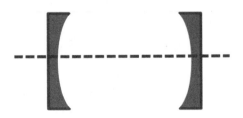

图 5-20　开腔

另一类光腔为气体波导激光谐振腔(图 5-21),其典型结构是一段空心介质波导管两端适当位置放置反射镜。这样,在空心介质波导管内,场服从波导中的传播规律,而在波导管与腔镜之间的空间中,场按与开腔中类似的规律传播。

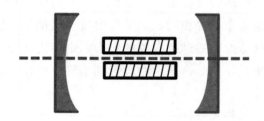

图 5-21　气体波导腔

2. 双凹球面镜腔

双凹球面镜腔由两块相距为 L,曲率半径分别为 R_1 和 R_2 的凹球面反射镜构成,如图 5-22 和图 5-23 所示。

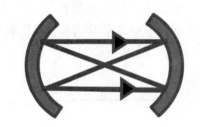

图 5-22　同心腔

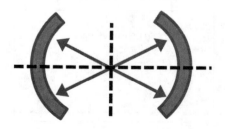

图 5-23　共焦腔

3. 平行平面腔

平行平面腔由两块相距为 L、平行放置的平面反射镜构成(图 5-24)。平行平面腔的优点：光束方向性极好(发散角小)、模体积大、比较容易获得单横模；平行平面腔的缺点：调整精度要求极高，损耗也较大；平行平面腔振荡模所满足的自再现积分方程至今尚得不到精确的解析解。

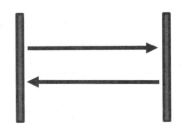

图 5-24　平行平面腔

4. 折叠腔

折叠腔由两个以上的反射镜构成，如图 5-25 所示。

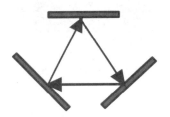

图 5-25　折叠腔

5. 一般球面腔

一般球面腔满足 $R<L<2R$，如图 5-26 所示。

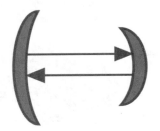

图 5-26　一般球面腔

6. 共焦腔

当构成谐振腔的两个球面镜的曲率半径相等且等于腔长时，两个镜面的焦点重合且位于腔的中心。这类谐振腔称为对称共焦谐振腔，简称共焦腔。

7. 在研究极化激元时，常用的微腔

在研究极化激元时，常用的微腔包括半导体微腔、金属微腔、回音壁微腔和光子晶体微腔等。

分布式布拉格反射镜(distributed Bragg reflection, DBR)构成的半导体微腔：DBR 是有两种折射率相差较大的材料以 ABAB 的方式交替生长而形成的周期性结构，每层材料的光学厚度为中心反射波长的四分之一，如图 5-27 所示。

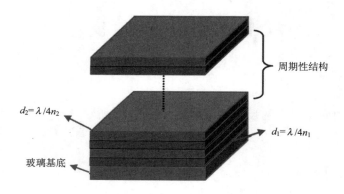

图 5-27　分布式布拉格反射镜示意图

金属微腔：银膜、金膜、铝膜等金属薄膜作为高反射率的反射镜，如图 5-28 所示。这些金属薄膜在可见光范围内部分波段基本没有吸收。通过控制金属薄膜厚度即可调节薄膜的反射率高低，相对 DBR 反射镜，制作方法简单方便。

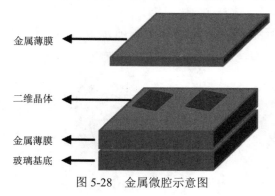

图 5-28　金属微腔示意图

回音壁微腔：指通过边界连续的全反射，将光子长时间地限域在微腔内形成回音壁模式的一类介质谐振腔。如图 5-29 所示，当光从光密介质入射到光疏介质时，若入射角大于临界角就会出现全反射现象，即光背全反射不能进入到光疏介质，若光经过边界连续反射又回到原点，则某些特定波长的光就会产生共振增强，进而形成回音壁腔膜将光子很好地限域在微腔内。由于其特殊的回音壁模式，使其具有超高的品质因子(Q 因子)、极小的模式体积、超高的能量密度和极窄的线宽等优越特性，从而成为典型的一类光子器件。

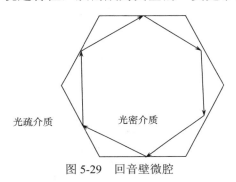

光疏介质　　　　　　　　光密介质

图 5-29　回音壁微腔

光子晶体微腔：光子晶体是一种介电系数成周期性排列的天然或人工材料，入射到光子晶体内的光波会受到布拉格散射，从而形成能带结构，能带间有带隙存在。只有频率在光子能带内的光才能在光子晶体中传播，频率落在光子带隙内的光则被禁止。制作光子晶体谐振腔的原理是利用缺陷态光子晶体的光子局域和谐振性质。在完整的光子晶体中去除一个或若干个介质柱，即可形成光子晶体微腔，如图 5-30 所示。相对于其他微腔，光子晶体微腔具有更加优良的品质因子和更小的器件体积。

图 5-30　光子晶体微腔简易模型

5.4.2 谐振腔分析

1. 腔内含有单一热透镜的谐振腔

固体激光器中的激光棒吸收激发光后,一部分光能转化为热能并使激光棒的径向温度呈梯度分布,导致其折射率也呈梯度分布,这种折射率分布的作用类似于透镜的作用,即热透镜效应。激光棒可以等效为一个焦距为 f_t 的热透镜。腔内含有单一热透镜的平凹腔的图解分析。由 M_1、M_2 组成半共焦腔,内含热透镜 F_t。M_1 的 σ_1 圆和像 σ'_1 圆交于 M_2 镜的 σ_2 圆的中顶点附近,当热透镜焦距值在热扰变化的情况下,侧焦点 F_{12} 与 F'_{12} 变动较小,而侧焦距 $F_2F'_2$ 则几乎不变,也就是激光的束腰光斑尺寸几乎不变,所以这样的腔的激光振荡是热稳定的(图 5-31)。

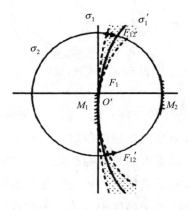

图 5-31　含热透镜的固体激光器

2. V 形固体激光腔

二极管激光端面抽运的固体激光器常用 V 形腔结构,即两端镜一般采用平面反射镜 M_1、M_2,中间的折叠镜 M 为较短曲率半径的凹面反射镜。V 形腔的改进方案(图 5-32)省略掉折叠镜 M 与平面反射 M_2,代之以一个与 σ'_2 圆相吻合的凹面反射镜 M'_2,置于 σ'_2 圆与光轴相交的右交点 O 处,其曲率半径等于 σ'_2 圆的直径,这时由曲率半径为 R_1 的凹反射镜 M_1 与上述 M'_2 镜组成的两镜腔,若将倍频晶体置于热透镜对 M'_2 镜的"像"点上,在 f_t 的大幅值变化过程中,倍频晶体处的斑尺寸大小变化不大,从而实现稳定运转。

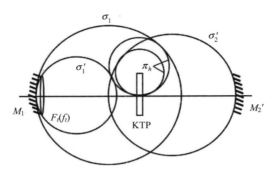

图 5-32　改进的 V 形腔

3. LD 端泵浦的平直固体激光腔

LD 端泵浦的固体激光器是常用的激光器之一，大多采用平直腔，以 LD 端泵浦平直腔 Nd∶YVO4 固态激光器为例研究分析了这种腔的工作特性。在分析中将腔内介质的热透镜置于反射镜 M_1 附近，分析结果表明 $L < bp/2$ 时的短型腔比 $L > bp/2$ 时的长型腔具有较大的输出功率。实验中选用腔长 $L = 13.3$ cm 时，激光器的基模输出功率会达到最大。

参 考 文 献

[1] 周炳琨, 高以智, 陈倜嵘, 陈家骅. 激光原理. 5 版. 北京: 国防工业出版社, 2004.

[2] 陈鹤鸣, 赵新彦. 激光原理及应用. 2 版. 北京: 电子工业出版社, 2013.

[3] Goodman J W. Introduction to Fourier Optics. New York: McGraw-Hill, 1988.

[4] Brigham E O. The Fast Fourier Transform. Englewood Cliffs: Prentice-Hall, 1974.

[5] Collins Jr S A. Lens-system diffraction integral written in terms of matrix optics. J Opt Soc Am, 1970, A60(9): 1168-1177.

第 **6** 章

有机微纳激光材料

6.1　引言

　　激光是 20 世纪以来最伟大的发明之一，被誉为"最快的刀""最准的尺""最亮的光"，已经在科技、工业、工程、信息技术、医药和国防等领域得到广泛应用。微纳激光器是一类器件尺寸或模式体积在波长或亚波长尺度的小型化激光器[1]，是激光技术与纳米技术交叉产生的研究前沿。微纳激光器能够在微纳尺度提供强相干光信号，有望给整个科技领域带来革命性的变化，并开辟出一些全新的应用领域。当前，微纳激光器已经被广泛应用于超灵敏化学和生物传感以及片上光信息传输与处理等多个领域[2-4]。

　　激光产生的三要素是增益介质、泵浦源和光学谐振腔[5, 6]（图 6-1）。其中，增益介质提供形成激光的能级结构，是激光产生的内因[6]；泵浦源提供形成激光发射所需的激励能量，是激光产生的外因；光学谐振腔为激光器提供反馈放大，使受激辐射的强度、方向性、单色性得到进一步提高。纵观微纳激光器的发展过程，可以发现光学增益材料的开发起到了非常重要的作用。无机半导体已经被证明是一类优异的微纳激光材料，具有非常好的稳定性和光电性能[7]。然而，无机半导体材料本身也具有一些固有的缺点。例如，无机半导体种类有限、晶格掺杂不易，导致微纳激光器的光谱覆盖范围有限，并且无机半导体材料发射源于带边辐射，发射峰通常较窄，波长可调节能力差。此外，无机半导体大多需要复杂的、高成本的高温加工工艺，制约了无机微纳激光器的进一步发展[8]。

有机材料作为光学增益介质具有许多传统无机半导体材料所无法比拟的优势：①大的吸收和辐射截面，有利于产生高的光学增益[9]；②丰富的激发态过程，有利于构筑四能级系统实现粒子数反转，从而降低激光的阈值[10]，同样也方便于实现激光波长的动态调控[11]；③种类繁多，可以实现从紫外到近红外的全谱覆盖[12]；④柔性易加工，非常适合大面积器件制备[13]。因此，有机增益介质非常有希望成为下一代微纳激光器的理想选择。

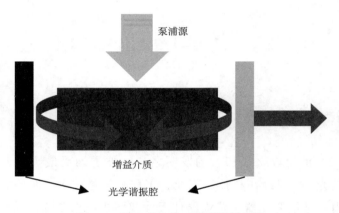

图 6-1 激光产生的三个要素示意图

实际上，有机激光器的发展可以追溯到 1961 年，E. G. Brock 等预言了有机分子的相干受激辐射行为[14]。1967 年，B. H. Soffer 等利用染料掺杂聚合物的体系构筑了有机固态激光器[15]。到 2007 年，G. Redmond 课题组利用阳极氧化铝模板法制备了有机共轭聚合物纳米线[16]，首次实现了有机纳米线激光器。由于具有宽谱可调和易加工等优点，有机固态激光器吸引众多科研工作者参与研究[17]。其中，便携式、紧凑型的小型化有机固态激光由于其在光谱和医疗等领域所展现的巨大应用潜力而备受关注[18]。

受各种分子间弱相互作用支配，有机分子能够在温和条件下自组装或者被加工成各种各样规则的微纳米结构[19]。这些具有规则形状的微纳结构能够作为高品质光学微腔，为低阈值激光的实现提供结构支撑[9]。例如，通过溶液再沉淀方法制备得到的规则一维结构，能够作为法布里-珀罗型的微腔来有效地限域和调制光子的行为，进而实现微纳相干辐射和光调制等功能[18]。此外，有机材料具有良好的柔性，可以通过改变材料的形状和尺寸，实现微腔效应的调控[20]。例如可以通过机械刺激、拉伸或弯折有机聚合物微腔，从而实现激光波长的动态调控[21]。

一般情况下，有机染料的增益过程是准四能级或四能级结构，这有利于粒子数反转的实现和低阈值激光的产生[10]。得益于有机材料中丰富的激发态过程[22]，有机微纳激光器还具有高增益和宽调谐等特性[6]。更重要的是，通过一些特殊的激发态过程，如分子内电荷转移与准分子发射等，能够实现基于多个激发态增益竞争过程的可调谐激光器[22]。

在此基础上，如何进一步实现与无机激光类似的电泵浦而非光泵浦的有机激光二极管成为有机激光领域数十年来的研究热点和前沿方向之一。遗憾的是至今电泵浦有机半导体激光仍未实现，而一些有机微纳米晶由于其高的载流子迁移率和自成腔等特性也许会为电泵浦有机激光的实现提供一种可能。

本章从谐振腔和增益介质两方面系统地总结了近年来构筑具有特定功能的有机微纳激光器的研究进展，阐述了分子组装、微腔结构、激发态过程和激光性能的关系。首先介绍多种有机微腔的可控制备，其次讨论了基于有机增益介质的激发态过程来实现可调激光，随后介绍了一些设计和构筑具有特定功能的复合结构有机微纳激光器的方法和策略，最后从应用层面展现了当前有机微纳激光器件的现状和瓶颈，对其未来的发展方向和研究思路进行了展望。

6.2　有机激光微腔的可控制备

光学微腔作为微纳激光器的基本单元，能够将具有特定模式或波长的光子限域在腔内并进行放大[17]。微腔结构主要有以下三类(图 6-2)：法布里-珀罗(Fabry-Pérot, FP)谐振腔、回音壁模式(whispering-gallery-mode, WGM)谐振腔、分布式反馈(distributed feedback, DFB)谐振腔[6]。

有机分子材料，由于具有各种分子间弱相互作用，如范德瓦耳斯力、偶极-偶极作用、π-π 作用、氢键等，能够自发地组装或被加工成各种形貌规则的微纳米结构，如一维纳米线[23, 24]、二维纳米片/盘[25]、纳米环[26]、微半球等[27]。这类形貌规则的纳米结构，在作为增益介质发光的同时，亦能作为高质量的谐振腔，为实现微纳激光器提供了重要的反馈机制。近年来，已经有大量的研究工作，相继报道了各种有机微纳米结构的制备方法和策略，包括：气相沉积[28, 29]、液相组装[30, 31]、电纺丝[32, 33]、软/硬模板法[34]、微操法[35]、3D 打印[36]、溶液打印[37]、纳米压印等[38]。下述我们将以各种微腔结构的可控制备为例，加以介绍。

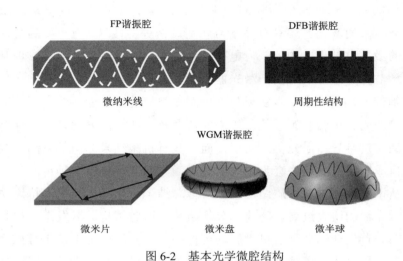

图 6-2　基本光学微腔结构

6.2.1　有机纳米线——FP 微腔

有机纳米线，具有优良的一维光波导性质，是构筑有机柔性纳米光子学回路十分关键的组成部分[39]。由于它平整的端面和良好的光学限域效应，可作为FP 型微腔[40]。同时，部分有机纳米线具有高的荧光量子效率。因此，在纳米光子学回路中，它不仅能起到光学互连的导线作用，还能作为微纳相干光源。目前研究人员已经开发了各种各样的策略和组装方法，来构筑一维有机纳米结构。在此，我们具体介绍几类常用的制备方法：物理气相沉积、液相自组装和模板辅助法。

1. 物理气相沉积

物理气相沉积是一种制备高质量的单晶一维纳米材料的有效方法，其一般过程是将纯净的化合物放在高温区，然后用载气将挥发性的化合物送到较低温度区(即生长区间)去生长单晶材料。笔者课题组将硅胶、氧化铝等吸附剂引入有机小分子的气相沉积体系，通过有机分子和吸附剂之间的吸附-脱附平衡，成功地制备了 2,4,5-三苯基咪唑 (2,4,5-triphenylimidazole, TPI)[41] 以及三 (8-羟基喹啉) 铝[tris (8-hydroxyquinoline) aluminum, Alq₃][42] 近单分散的有机一维纳米单晶材料[图 6-3 (a)、(b)]。并且，通过改变沉积温度和时间可以实现对纳米线的宽度和长度的调节。其中 TPI 纳米线可以作为 FP 谐振腔，在光泵浦条件下实现激光辐射[图 6-3 (c)]。进一步，我们[43]根据气相沉积中基底表面能对材料的成核与生长动力学的影响规律，通过对基底的表面修饰，控制了纳米线阵列的成核过程，从而实现了纳米线阵列的图案化生长[图 6-3 (d)]。

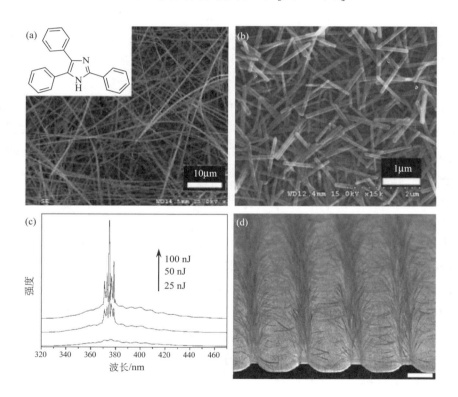

图 6-3 物理气相沉积法制备有机纳米线

吸附剂辅助的气相沉积法制备的 TPI 纳米线(a)和 Alq₃ 纳米线(b)的扫描电镜照片；(c)TPI 纳米线在不同泵浦功率激发下的发光光谱；(d)气相沉积法制备的图案化生长的有机单晶纳米线阵列的扫描电镜照片

2. 液相自组装

液相方法具有其成本低、条件温和、工艺简单等特点，被广泛应用在纳米结构的制备过程中。其中，溶液滴铸法是一种最简单的液相制备有机微纳结构的方法。该方法主要依靠溶剂挥发，使溶解的有机物析出成核并结晶。胡文平课题组[44]把 9,10-二苯乙炔基蒽[9,10-bis(phenyl-ethynyl)anthracene, BPEA]的氯苯溶液滴铸在二氧化硅基片上时，随着氯苯溶液的挥发，BPEA 很容易自组装形成了一维的微/纳米线，其直径在数百纳米到几微米之间，而长度可达数百微米。研究发现，浓度对它们的自组装形貌影响不大，而较稀(1 mg/mL)的溶液仅出现了稀疏的晶体，其形貌和浓溶液几乎没有多大差别。

除了溶液滴铸法，再沉淀法也是一种常用的液相自组装方法。它是利用有机化合物在不同溶剂中具有不同的溶解度来制备有机微纳米结构的方法。具体操作是先将有机物溶于适当的良溶剂中，然后移取一定量该溶液，注入剧烈搅拌的不良溶剂(与良溶剂互溶)中，由于良溶剂在不良溶剂中快速扩散使得目标化合物在不良溶剂中析出、聚集，从而得到分散的有机微纳米结构。笔者课题组[45]将 50 μL 以四氢呋喃作为良溶剂的氰基取代寡聚(对苯基乙烯撑)[cyano-substituted oligo(p-phenylenevinylene)]分子溶液注入 2 mL 不良溶剂正己烷中，该分子即可在短时间内成核，继而在分子间作用力促使下自组装形成纳米线[图 6-4(a)、(b)]。该纳米线可以作为 FP 形式的谐振腔，将特定波长的光反馈放大[图 6-4(c)]，为实现纳米线激光提供了必要条件[图 6-4(d)]。

3. 模板辅助法

模板辅助法是将一些具有纳米尺寸的孔洞，或者一维纳米材料本身作为模板，利用限制效应在孔洞内或者一维纳米材料表面上生长所需的一维纳米材料，之后除去模板得到所要的一维纳米材料的方法。模板辅助法可分为硬模板法和软模板法两种，硬模板一般指的是孔径为纳米尺度的多孔固体材料，包括碳纳米管、多孔阳极氧化铝膜、有纳米孔道的玻璃或者二氧化硅等[46]。软模板法是利用表面活性剂[47]、液晶[48]、生物大分子[49]等结构在溶剂中形成胶束等模板作用，调控纳米材料的尺寸及形貌。

笔者课题组[47]利用表面活性剂胶束提供的微环境和分子间 π-π 相互作用的协同效应制备了 2-[4-(二乙氨基)苯基]-4,6-双(3,5-二甲基吡唑)-1,3,5-三嗪[2-(N,N-diethylanilin-4-yl)-4,6-bis(3,5-dimethylpyrazol-1-yl)-1,3,5-triazine, DPBT]分子的纳米线。在该体系中，表面活性剂十六烷基三甲基溴化铵的水溶液在超过其临界胶束浓度时将形成球状胶束，胶束内部的烷基链提供了一个憎水环境，

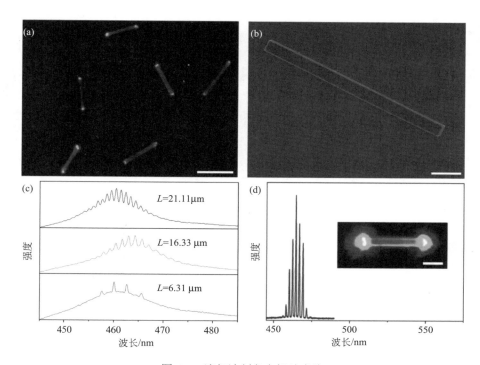

图 6-4 液相法制备有机纳米线

寡聚苯乙烯类有机小分子纳米线的荧光显微图片(a)和扫描电镜图片(b); (c)不同尺寸纳米线的调制光谱; (d)纳
米线在泵浦光激发下的发光光谱及相应的荧光显微照片

从而实现对有机分子的增溶效应。DPBT 分子的引入诱导表面活性剂胶束模板
从球形转变成棒状。在分子间 π-π 相互作用和胶束模板的限域效应的协同作用
下,DPBT 分子有序堆积并最终形成纳米线结构。通过改变表面活性剂浓度,
可以有效地控制纳米线的长度和宽度。该纳米线能够利用平整的两个端面,
有效地反馈和限域波导荧光,在纳米线轴向上表现出典型的 FP 微腔效应
[图 6-5(a)]。当泵浦激光的功率超过阈值时,该 DPBT 纳米线则可实现激光辐
射[图 6-5(b)]。

6.2.2 有机纳米盘或微半球等——WGM 微腔

高品质因子(Q 因子)的谐振腔,对于实现低能耗、超紧凑的微型激光器来
说,是非常重要的,同时也为研究光与物质相互作用,实现各种微纳光学调制
器提供一个基本的结构平台[50,51]。有机纳米线由于端面耦合输出损耗较大,很难

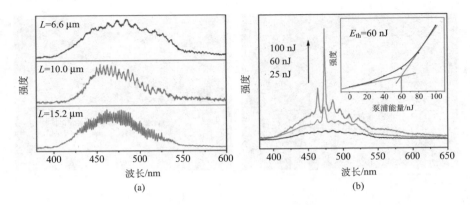

图 6-5 有机纳米线形成 FP 型谐振腔

(a)不同尺寸纳米线的调制光谱; (b)DBPT 纳米线在不同泵浦功率激发下的激射光谱,插图为激光阈值曲线

得到 Q 值很高的微谐振腔。与此相反,有机微纳米盘或微半球等结构能通过边缘对光的全反射,极大地降低光的耦合输出损耗,将光很好地限域在结构中,从而实现类似于北京天坛回音壁的高 Q 微谐振腔[52]。基于有机分子材料的柔性和可加工性,研究人员通过多种方法和策略制备得到了高 Q 因子的 WGM 微谐振腔,如微盘、微半球等结构。其中,液相组装、溶液打印、3D 打印是三类有代表性的制备有机 WGM 微腔结构的方法。

1. 液相组装法

液相组装是一种简单、有效的自下而上构筑 WGM 微腔结构的策略,得到的微纳结构一般会有光滑的表面。在组装过程中,除了分子间相互作用这种内在的因素外,亲水/疏水环境以及表界面张力等外在因素,也会使得组装过程及产物结构更加可控和便捷。笔者课题组[53]巧妙地利用了分子结构的柔性和水滴的表面张力,基于液相自组装的方法,可控地制备了二苄叉丙酮(1,5-diphenyl-1,4-pentadien-3-one, DPPDO)单晶有机微环[图 6-6(a)]。受分子间 π-π 相互作用影响,DPPDO 表现出沿着 c 轴一维生长的趋势。该方向的分子间距较大,使得 DPPDO 分子晶体具有一定的柔性。我们在液相组装过程中通过加入水滴来引入界面张力,诱导 DPPDO 分子优先在表面能大的水滴边缘成核。在分子间相互作用和界面张力的协同作用下,DPPDO 最终组装形成形貌规整、无明显缺陷的有机微米环。该有机微环表现出了较高 Q(400 以上)的 WGM 微腔特性[图 6-6(b)、(c)]。这证实了有机小分子材料的柔性以及高质量晶体作为微腔的优势。然而,随着微环直径的减小,晶体缺陷和弯曲损耗会明显增加,最终使得光无法在微环内形成谐振，这是由于有机晶体材料的相对有限的可弯曲能力，曲率越大，微晶质量会越差，限制了光在腔内的传播。

与微环相比，二维有机晶体微盘通常拥有完美的单晶结构[54]。如图 6-6(d)所示，1,4-均二苯乙烯分子(*p*-distyrylbenzene, DSB)能够在溶液中组装形成规则的六方微盘结构[55]。该二维微盘具有高质量的单晶结构，能够通过六个边对光的全反射对光进行限域，形成 WGM 型的微腔谐振[图 6-6(e)]。即使在边长尺寸仅为 3 μm 的微盘中，光仍然能够发生谐振，且 Q 值达到数百，有利于低阈值有机单晶纳米激光器的实现。然而与传统微加工得到的硅盘(Q 值在 10^3 以上)相比，此类结构的品质因子仍然是较低的。这对于需要实现高调制系数的微纳光子学器件来说，显然是十分困难的。较低品质因子的原因是这类结构的曲面边缘不够光滑，导致了严重的边缘散射损耗。

圆形有机微盘，拥有光滑的边缘，表现出更低的腔内损耗，对于提高 Q 值是非常有利的。然而有机小分子易于组装形成各向异性的单晶结构，很难得到各向同性的有机微盘。而高分子的柔性和难结晶的特性，使得我们可以通过乳液自组装结合毛细作用力拉伸的办法[56]，可控制备边缘光滑的、形貌规整的有机微盘[图 6-6(f)]。得到的微盘具有光滑的表面和完美的圆形边缘，可作为高质量的 WGM 微腔[图 6-6(g)]，其 Q 值可与传统微加工手段得到的硅盘媲美。

2. 溶液打印

通过分子自组装的办法，已经能够构筑各种高质量的微纳米谐振腔，为进一步实现低阈值的微腔激光或调制器等打下了扎实的基础。然而，分子自组装得到的微纳结构具有分布随机的特点，无法形成大范围阵列排布。因此寻找一种能将各种微腔结构图案化、规模化的组装加工策略，对于微腔和微纳激光器的集成化应用是非常必要的。受微电子学中溶液加工手段的启发，我们近来发展了一种溶液打印光子学器件的方法，成功地构筑了芯片水平的 WGM 微环阵列[4]。在聚合物薄膜上打印溶液液滴，被溶液溶解的聚合物基于咖啡环效应会组装成微环结构。打印得到的微环具有非常光滑的表面，能够有效地减少散射和波导损耗，从而作为高 Q 值的 WGM 微腔将光子很好地限域在腔内。微环的透射光谱的每条谱线的线宽很窄，表明该微环具有非常大的 Q 值(约为 10^5)。如此高 Q 值的微腔能够极大地增强光与物质相互作用能力，为有机微纳激光在集成光子学设备的应用提供了很好的平台。

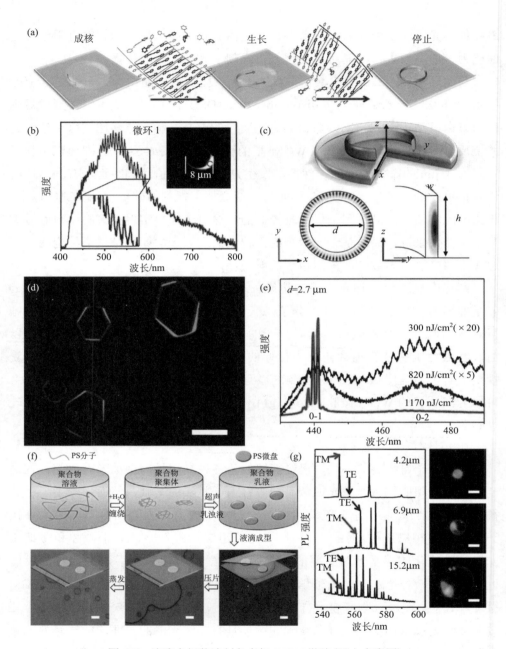

图 6-6　溶液自组装法制备有机 WGM 微腔(见文末彩图)

(a)水滴界面张力诱导的有机微环自组装过程；(b)环形谐振腔调制光谱；(c)微米环中的三维电场强度分布；
(d)DSB 六边形微盘的荧光显微图片；(e)DSB 微盘在不同泵浦功率激发下的发光光谱；(f)乳液自组装法制备有
机微盘的示意图；(g)不同尺寸微盘在泵浦光激发下的发光光谱及相应的荧光显微照片

进一步，Sun 课题组[57]通过溶液直写法在疏水基底上直接打印了聚合物溶液，由于溶液和疏水基底的界面张力，该液滴形成了很好的半球形结构 [图 6-7(a)]。该半球结构具有光滑的表面和圆形的边界，能够作为一个高 Q 值的 WGM 微腔。在光泵浦条件下，掺杂染料的聚合物微腔则能够实现 WGM 激光发射[图 6-7(b)]。当微半球中掺杂两种具有不同增益区间的染料时，通过选择合适的给受体比例，调控两者的能量转移效率，还可以实现多色的激光辐射。

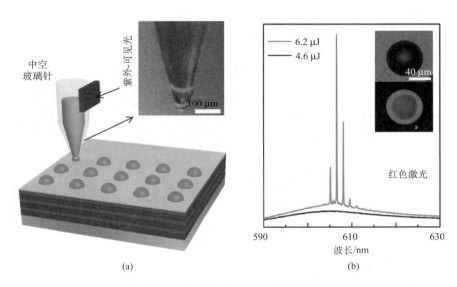

图 6-7　溶液打印 WGM 微腔结构

(a)溶液直写法制备微半球结构示意图；(b)掺有染料的微半球的激光光谱

3. 3D 打印

利用溶液打印的方法，我们能够可控地制备得到高品质的 WGM 微腔结构，为大面积制备光子学器件提供了很好的加工手段。但一些复杂的器件结构，如高脚杯型微腔、3D 光子晶体和垂直耦合腔结构等，则很难通过溶液打印法获得。3D 打印作为一种通过逐层打印的方式来构造物体的技术，理论上能制备得到各种光子学结构。其中激光直写技术是用飞秒激光诱发聚合物单体发生双光子聚合的一种微纳结构加工技术，其工艺简单、加工精度高、对加工材料的兼容度高、可实现任意复杂结构模型的加工，为微纳光学元件的发展提供了巨大的空间[58]。双光子聚合具有明显的阈值性，只有当强度大于或者等于双光子聚合的阈值时，才会在激光聚焦的焦点处发生双光子聚合[59]。通过控制激光焦点在材料内部的各个方向的扫描，就能够实现三维结构的加工。

近来，吉林大学孙洪波课题组[60]，利用飞秒激光直写技术将掺有激光染料的 SU8 光刻胶制备成高脚杯型微盘谐振腔结构[图 6-8(a)、(b)]，该微盘具有光滑的表面和完美的圆形边界，能够作为高 Q 值的 WGM 谐振腔。在光泵浦条件下，掺有染料的单个微盘可以形成多模激光出射[图 6-8(c)]。更进一步地，在大盘上制备相内切的小盘结构[61][图 6-8(d)、(e)]，形成了垂直方向耦合的复合腔结构，实现了单模激光的出射[图 6-8(f)]。

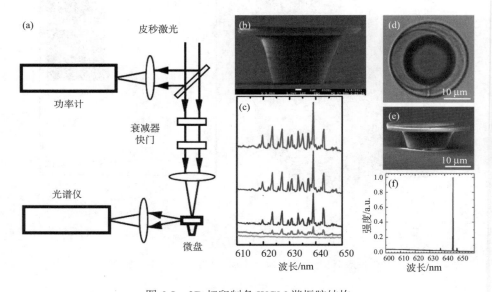

图 6-8　3D 打印制备 WGM 谐振腔结构

(a)3D 打印制备微盘示意图；(b)从侧面观察得到的高脚杯型微盘的扫描电镜图像；(c)微盘的激光调制光谱；(d)从顶端观察得到的耦合腔结构的显微图片；(e)从侧面观察得到的耦合腔结构的扫描电镜图片(f)耦合腔得到的单模激光光谱

6.3　有机激光材料的能级结构和激发态过程

有机分子材料具有丰富而有效的光物理、光化学过程，特别是分子激发态能级过程，比如单重态准四能级跃迁、激发态分子内质子转移(excited state intramolecular proton transfer, ESIPT)、准分子态发射、分子内电荷转移

（intramolecular charge transfer, ICT）等[8]，能够被用来构筑各种各样的高性能纳米光子学器件。这些激发态过程通常对分子结构或分子所处的环境非常敏感，因此可以通过分子/晶体工程或外界刺激调制它们的增益过程，实现可调激光。下面我们介绍一些与粒子数反转、增益行为相关的激发态过程及其调控。

6.3.1　基于准四能级结构的有机微纳激光器

有机分子丰富的能级结构和激发态过程，有助于设计新型微纳激光材料以及构筑高性能激光器。如图 6-9(a) 所示，有机分子的基态(S_0) 能级、第一单线激发态(S_1) 能级以及它们各自的振动亚能级共同构成了一个准四能级系统[62]。由于有机分子的吸收和发射都满足富兰克-康顿原理，当其吸收光子时会由原来的基态最低能级(E_1) 垂直跃迁到第一单线激发态的高振动能级(E_4) 上。处于高振动态的分子会经无辐射跃迁迅速振动弛豫到第一单线激发态的最低能级(E_3) 上。同样是由于富兰克-康顿原理，处于 E_3 能级上的分子会垂直跃迁到基态的高振动能级(E_2) 上，并会经无辐射跃迁振动弛豫到基态的最低能级上。由于振动态(E_2 和 E_4) 上粒子数寿命非常短，一般在皮秒或亚皮秒量级，而 E_3 态上的粒子数寿命较长，通常在纳秒量级，所以有机分子的能级结构构成了一个准四能级系统。

在脉冲光的激发下，具有微腔效应和准四能级增益过程的有机微晶，就会实现有机微纳激光。如图 6-9(b) 所示，由 TPI 分子自组装得到的纳米线在 0-1 光谱带处存在很强的 UV 光发射性质[41]，同时该纳米线的两个平整端面可以作为反射镜，构成一个 FP 谐振腔。因此，在较低的泵浦功率下，TPI 纳米线就成功实现了基于 0-1 带受激跃迁(374 nm) 的激光出射。

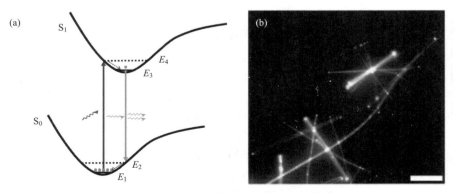

图 6-9　有机微纳激光器的准四能级结构

(a) 有机分子的四能级结构；(b) TPI 纳米线的荧光显微图片

6.3.2　基于有机激发态分子内质子转移过程的波长可切换激光器

常规材料中的准四能级系统是基于振动能级实现的，不可避免地会存在一定的自吸收效应，使得激光阈值仍然较高。如果能在有机材料的基态能级与第一单线激发态之间引入一个能量较低的亚稳态能级，将有效地减少材料体系中的自吸收损耗，有助于激光阈值的进一步降低。

2015 年，笔者课题组[63]利用 ESIPT 过程构筑了具有更低阈值的纳米线激光器。如图 6-10 所示，我们选择具有 ESIPT 过程及较高发光效率的有机分子2-(2′-羟基苯基)苯并噻唑[2-(2′-hydroxyphenyl)benzothiazole, HBT]，利用液相自组装制备了纳米线结构[图 6-10(a)]。所制备的纳米线具有非常大的斯托克斯位移(约 160 nm)[图 6-10(b)]，使得纳米线的光学传输损耗非常低[约 30 dB/cm]，

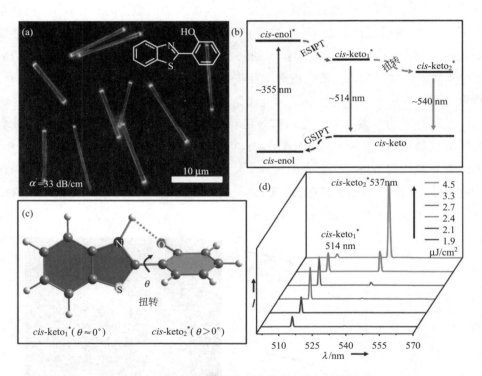

图 6-10　波长可切换的纳米线激光器(见文末彩图)

(a)HBT 纳米线的荧光显微照片；(b)、(c)酮式激发态扭转参与的 ESIPT 四能级跃迁过程；(d)单根纳米线在不同泵浦功率激发下的激光光谱

ESIPT：激发态分子内质子转移；GSIPT：基态分子内质子转移；*cis*-keto：顺式酮；*cis*-enol：顺式烯醇

因此我们在非常低的泵浦功率(197 nJ/cm²)下实现了纳米线的激光发射。通过优化纳米线结构，可以进一步降低激光阈值至 70 nJ/cm²，这是当时有机微纳激光器领域中的最低值。进一步研究表明，该有机纳米线中分子的 ESIPT 过程中存在两个酮式态[图 6-10(c)]，利用两个态的转换过程，还实现了双波长可切换的纳米线激光[图 6-10(d)]。

6.3.3　基于激基缔合物发光的波长可切换激光器

处于激发态的分子可以通过分子间电荷转移(charge transfer, CT)相互作用与相邻的分子形成 CT 态，如果是与同种分子发生 CT 相互作用，则形成的复合物称为激基缔合物(也称准分子态，excimer)。此类准分子在辐射出光子后形成的基态准分子，是极不稳定的，会快速解离到单分子基态，如此，则会在单分子和准分子之间形成有效的四能级过程(monomer-monomer*-excimer*-excimer-monomer)[62]。该能级过程通常还伴随有单分子的准四能级跃迁辐射过程，由于准分子态的形成涉及分子间相互作用，分子浓度的大小将会直接影响准分子态和单分子态的比重。

因此，基于有机分子的这一特殊的能级过程，我们可以通过调控分子浓度或聚集状态来实现宽带波长可调的有机激光器[64]。我们选择具有有机激基缔合物发光性能的 4-(二氰亚甲基)-2-甲基-6-(4-二甲氨基苯乙烯基)-4*H*-吡喃[4-(dicyanomethylene)-2-methyl-6-(4-dimethylaminostyryl)-4*H*-pyran, DCM]分子作为模型化合物，掺杂到自组装的 PS 微球中，得到多种掺杂浓度的微球结构。在低掺杂浓度下(DCM@PS, 0.5%，质量分数)得到了波长在 580 nm 的单分子态激光[图 6-11(a)]，在高掺杂(3.0%，质量分数)条件下得到了波长在 630 nm 的激基缔合物激光[图 6-11(b)]，在中等掺杂浓度(1.5%，质量分数)下，则同时观察到了两者的激光出射。更进一步，在该体系中引入螺吡喃光致变色分子。该光致变色分子在紫外光照射后发生异构化反应，从在可见波段没有吸收的螺噁嗪构型变成在 590 nm 附近有吸收峰的部花菁构型，该部花菁构型可以选择性地吸收 DCM 单分子态的发光，这样就能够有效地调节该体系中单分子态和激基缔合物态之间的发光平衡，进而实现对两个波长激光的动态切换[图 6-11(c)]。

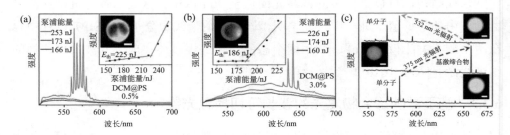

图 6-11　波长可切换的微球激光器

(a)、(b) 掺杂浓度(质量分数)为 0.5% 和 3.0% 的 DCM@PS 微球在不同泵浦功率激发下的发光光谱及相应的荧光显微照片；(c) 在 375 nm 和 532 nm 激光的循环照射下, DCM@PS 微球的激光转换行为

6.3.4　基于分子内电荷转移过程控制的宽谱可调激光器

在高度极化的化合物中，光激发直接产生的局域激发(local excitation, LE)态会发生伴随着分子内扭转的电荷转移过程，从而产生一个新的低能态，即扭曲分子内电荷转移(twisted intramolecular charge transfer, TICT)态。ICT 化合物可以从 LE 态和 TICT 态向基态跃迁产生两个具有不同波长的辐射带。这使得我们可以通过控制电荷转移化合物的两个辐射态上的粒子数分布来调节增益区间[图 6-12(a)]，进而实现激光波长的调控。

笔者课题组[65]从 ICT 化合物的能级结构优化入手，选择环糊精包合策略构筑了具有两个协同增益能态(LE 态和 TICT 态)的能级结构。利用液相自组装方法制备了环糊精包合的 ICT 化合物复合微晶。如图 6-12(b)所示，所制备的超分子单晶微片具有优异的发光性能和规整的形貌，可以同时作为增益介质和光学谐振腔，在光泵浦的条件下实现了低阈值的激光出射。基于 LE 态和 TICT 态的两个上能态协同增益的全新激光产生机制，我们通过温度调控两个上能级粒子数分布来动态调控增益区间，并最终实现了温度控制的宽波长动态可调的激光发射行为[图 6-12(c)]。更重要的是，这种可调的激光行为有助于我们深入了解了有机材料的能级结构以及增益过程，对功能化的微纳激光器的设计与开发具有重要的指导意义。

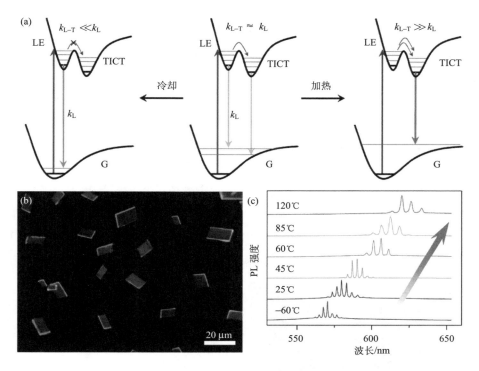

图 6-12　基于 ICT 过程控制的宽谱可调激光器

(a)温度控制的 ICT 过程；(b)ICT 染料掺杂的环糊精超分子晶体的荧光显微图像；(c)单一超分子晶体的温度调制激光光谱

6.4　基于复合结构的有机微纳激光器

随着光子学领域的不断发展,对微纳激光器的性能提出了越来越高的要求。单一的材料和器件结构由于其性质和功能受限,无法满足实际的光子学应用对微纳激光器性能提升和功能拓展的需求。因此基于复合结构的高性能微纳激光器的构筑逐渐引起人们的关注。下面我们就介绍一些关于设计和构筑具有特定功能的复合结构有机微纳激光器的方法和策略。

6.4.1　轴向耦合有机纳米线谐振腔的双色单模激光

随着光子学信息处理对集成度和准确度要求的提高,在同一个器件中实现宽带调谐的同时,获得具有较高的信号纯度和稳定性的激光出射[66],即多色单模激光，越来越受到人们的重视。最近，笔者课题组[45]通过构建轴向耦合纳米线异质结实现了双色单模激光器。我们选择具有准四能级结构和较高发光效率的两种发光颜色的寡聚苯乙烯类有机小分子染料作为模型化合物，利用液相自组装方法分别制备了两种分子的单晶纳米线，在光泵浦条件下，两种纳米线可以实现不同颜色的多模激光辐射。随后选择不同长度的两种纳米线构建成轴向耦合纳米线异质结[图 6-13(a)]。在该纳米线异质结中，每一根纳米线既可作为对应材料的激光增益介质，也可以作为另一根纳米线的模式滤波器。分别激发纳米线异质结中不同纳米线时，则可得到对应颜色的单模激光出射；当整体激发该异质结时，则实现了双色单模激光出射[图 6-13(b)]。此外，由于该器件中两种增益介质是分离的，使得不同输出端口输出了不同的激光信号，为我们进一步构筑理想功能的光子学元件提供新思路。

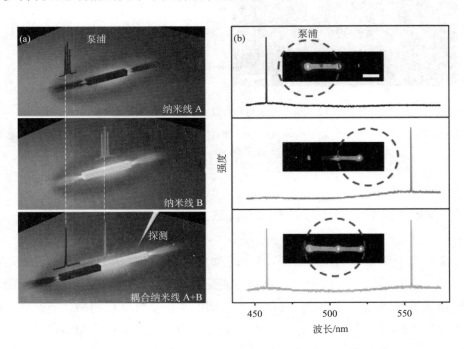

图 6-13 轴向耦合的纳米线异质结实现双色单模激光(见文末彩图)

(a)利用轴向耦合异质结通过相互选模机制实现双色单模激光示意图；(b)轴向耦合纳米线异质结在不同激发位置下的激光光谱及其荧光显微图片

6.4.2　基于线盘耦合结构的激光方向性输出

微纳激光器应用过程中的一个基本要求是激光信号的定向输出。而 WGM 型谐振腔为各向同性，其激光信号均匀地沿径向发射，不利于光子集成。将波导结构与微纳 WGM 激光器集成起来构筑复合结构，是实现激光信号定向输出非常有效的方法。我们通过协同自组装的方法制备了有机纳米线和微盘的耦合结构[56]，在乳液法自组装法制备染料掺杂聚苯乙烯(polystyrene, PS)微盘结构的过程中，引入另外一种有机小分子 Alq$_3$ 进行协同组装。Alq$_3$ 从溶液中析出，在 PS 微盘边缘成核并生长成单晶纳米线，形成了有机纳米线耦合微盘激光器的异质结构。有机微盘的 WGM 激光信号能够由纳米线高效地耦合输出，这为 WGM 激光器与其他光功能器件的集成奠定了基础。

6.4.3　基于有机/金属异质结构的激光亚波长输出

受衍射极限限制，激光输出器件尺寸都在波长量级以上，这严重限制了器件的进一步小型化和集成化的发展。表面等离激元是指电子在金属表面集体振荡[67]，能够将光限域在亚波长尺寸的金属波导结构中，因此将激光耦合到金属波导中有望打破衍射极限，实现激光模式的亚波长输出。

我们设计构建了有机-金属复合结构[68]，有机聚合物材料与银纳米线通过毛细作用辅助液相组装，最终形成银线/有机微盘复合结构。染料掺杂的微盘同时作为增益介质和光学微腔能够实现低阈值的 WGM 激光，而银纳米线能够支持激光模式的亚波长输出[图 6-14(a)、(b)]。在光泵浦条件下，染料掺杂的微盘产生的光子与银纳米线表面等离子耦合，在银线端头实现信号高保真度的亚波长的有效输出。通过在有机柔性微盘中掺杂具有不同增益区间的染料，实现了全色激光的亚波长输出[图 6-14(c)]。这种超小型的耦合输出体系为我们发展亚波长尺度的光源提供很好的启示，同时为实现基于有机/金属复合材料的纳米光子学器件，如光学逻辑计算元件[69]、定向耦合[70]和光子学复用器等提供了新思路。

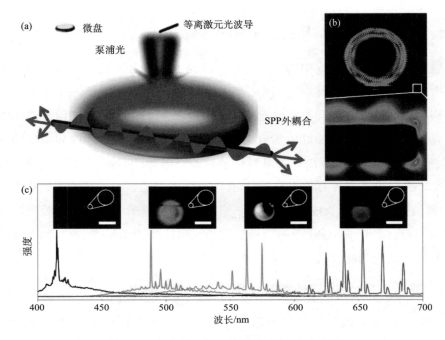

图 6-14　全色激光的亚波长输出（见文末彩图）

(a)有机/金属异质结构实现激光的亚波长输出示意图；(b)异质结构中的电场分布图；(c)从异质结构的银线端点
输出的光谱

6.5　有机微纳激光的应用

　　有机微纳激光器性能的不断提高，大大促进了其在光计算、信息存储和纳米分析等多个领域的应用。尤其是有机材料良好的化学响应性和生物相容性，使得其在化学和生物医学工程中展现重要的应用价值，例如生物传感器、显微技术、激光外科以及鉴别化学物质等。

6.5.1　化学传感

　　近年来，随着人类社会工业化进程的加快，我们所接触到的有害化学气体越来越多：煤矿瓦斯和家庭燃气等易燃易爆气体（如 CH_4、CO），工业生产和室内装修所产生的有机挥发性气体（如丙酮、甲醛和甲苯等），汽车尾气排放的有毒气体（如 NO_x、NH_3、H_2S、SO_2、Cl_2）等严重威胁着人类的健康。因此，开发具有高灵敏、快速响应的新型化学气体传感器是人们迫切需要解决的问题。WGM 谐振腔具有高 Q 值和小的模式体积[71]，显著增强了光与物质的相互作用。周围环境很细微的变化会使其共振模式发生位移或者劈裂[72]，这为我们提供了一种高灵敏的光学传感技术。

我们选择发光共轭高分子聚（9,9-二辛基芴并苯噻二唑）[poly(9,9-dioctylfluorene-alt-benzothiadiazole)，F8BT] 作为模型化合物[73]，可控制备了 F8BT 组分的 WGM 谐振腔，在光泵浦的作用下得到了稳定的激光发射，大幅缩减了谐振腔共振模式的线宽，有效地提高了其光谱分辨率。由于高品质的 WGM 腔对环境变化具有灵敏的响应性[图 6-15(a)]，我们在一个与气体循环系统相连通的密闭玻璃罩中[图 6-15(b)]，精确地确定了丙酮气体浓度与激光波长之间的关系[图 6-15(c)、(d)]，证明 WGM 微腔作为高灵敏化学气体传感器的可行性，为我们构筑稳定灵敏的化学气体传感器提供了一个新思路和新途径。

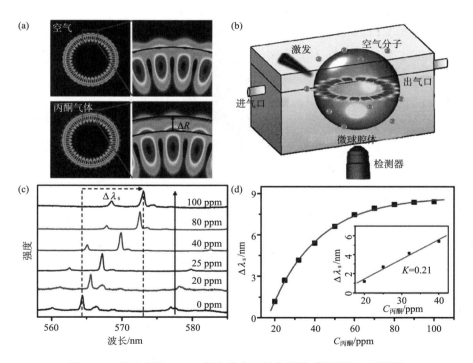

图 6-15　基于有机 WGM 激光的高灵敏化学传感器（见文末彩图）

(a) 同一 WGM 谐振腔在不同折射率环境下的倏逝场变化；(b) 气体传感示意图；(c) F8BT 微球在不同浓度丙酮气氛中的激光光谱；(d) 微球激光模式位移随丙酮浓度的变化趋势，插图为激光模式位移与丙酮浓度之间的线性校正曲线

6.5.2 生物激光

传统激光已在医学中得到广泛应用，如传感和诊断。然而，传统的光医疗设备主要是基于一些生物相容性差的固态材料，如具有优异光学特性的玻璃和塑料。为了能发挥激光在医学上的潜力，亟须发展一批具有生物相容性的激光材料，发展活体成像等技术。目前越来越多的科研人员将目光集中在了高生物/环境相容性的天然生物材料上，如蛋白质、细胞及细胞代谢产物等。

荧光蛋白是一类高荧光量子产率的生物材料。美国麻省总医院威尔曼光医学研究中心的 S. H. Yun 教授和 M. Gather[74]基于蛋白质的咖啡环效应自组装形成环形腔激光器。他们利用空间效应将绿色荧光蛋白微环与红色荧光蛋白微环靠在一起，实现了多色的 WGM 激光输出[图 6-16(a)、(b)]。另外他们还将绿色荧光蛋白与西红柿红荧光蛋白掺杂，并研究了在不同掺杂浓度下的荧光共振能量转移关系。

绿色荧光蛋白的发现促进了荧光蛋白的飞速发展，越来越多的荧光蛋白被发现和提取出来，除了对应的蛋白结构，一个重大的进步就是通过基因工程将荧光蛋白在细胞内表达出来。Yun 课题组[75]将绿色荧光蛋白表达的肾脏细胞放置在两个高反射率镜子中间[图 6-16(c)]，在激光泵浦条件下，得到了阈值约为 1 nJ 的激光输出[图 6-16(d)、(e)]。这是世界上首个报道的基于单个细胞的生物激光，尽管这种单个激光脉冲持续时间非常短，仅有几纳秒，但是其所携带的大量有用信息将帮助人们进一步了解细胞。

能植入患者体内的可兼容生物激光技术对于医学诊断意义重大，而外腔的加入阻碍了激光器在活体内的应用，因此开发细胞内激光器十分有必要。Yun 课题组[76]通过注射的方式将掺杂激光染料的液滴转移到细胞内部，实现了细胞内 WGM 激光的输出[图 6-16(f)～(h)]。生物相关的激光器不仅仅局限于细胞和蛋白质，生物体代谢的产物都可以用来构建生物相容性的激光器，如淀粉、核黄素、荧光素等[77, 78]。笔者课题组[79]采用普遍存在于植物中的生物聚合物淀粉作为模型化合物。利用其丰富的羟基结构与花菁染料相结合，从而构筑了染料掺杂的淀粉复合物。由于淀粉内部螺旋空间的限域作用，提高了激光染料的荧光效率。淀粉天然的微球/椭球形貌为激光提供了高效的谐振腔，从而实现了低阈值的激光输出。通过有目的地诱导淀粉内部结构的改变，获得了高敏感的激光行为，为实现激光在生物探测等方面的应用提供了思路和方法。

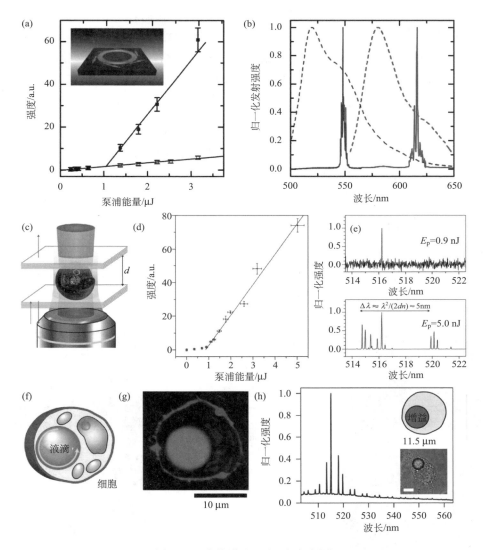

图 6-16　生物激光器(见文末彩图)

(a)泵浦强度与绿色荧光蛋白的荧光强度关系；(b)荧光蛋白激光光谱；(c)外加腔的细胞激光示意图；(d)细胞激光的输出能量与泵浦功率的关系；(e)不同泵浦功率下的细胞激光器的输出光谱；(f)、(g)细胞内液滴微腔示意图和对应的共聚焦荧光成像图；(h)细胞内部的液滴微腔的激光光谱

6.5.3　光子学集成回路

光子学集成回路是以光子为信息载体，具有高的传输速度和并行处理能力。因此，光子学集成回路被认为是替代电子学集成回路而实现对信息高速并行传

输与处理的最佳选择。微纳激光器的一个重要应用就是作为光子学集成回路的信号源。但如何将有机微纳激光器嵌入光子集成回路，实现芯片级别的器件的精准、可控制备仍是一个很大的挑战。我们[4]已经发展了一种基于溶液加工程序化的打印微米线和微米环构筑微激光阵列的方法，可实现光子器件的柔性集成。如图 6-17(a)、(b)所示，打印制备的线环耦合结构实现了激光的产生和有效耦合输出。基于线环耦合基本元件构筑了滤波器[图 6-17(c)]。两个近邻的微环之间可以形成比较强的游标效应，实现了模式调制效果[图 6-17(d)、(e)]。基于此，进一步在实验上实现了可应用于光信息存储器件的耦合谐振腔光波导(CROW)的制备[图 6-17(f)]。这些基于有机微激光的光子学回路不仅具有可以媲美硅基光子学的性能，在某些方面比传统硅光子学更有优势，如温和的加工方法、柔性掺杂、活性/灵敏的响应特性等。鉴于柔性电子学的快速发展，这项工作为柔性光子学集成开辟了崭新的途径。

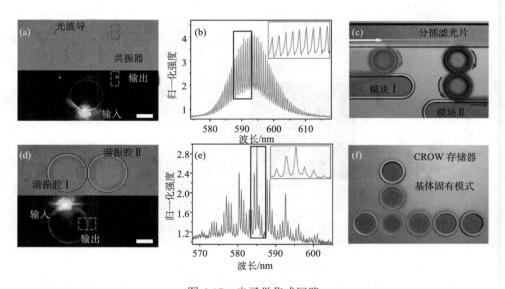

图 6-17　光子学集成回路

(a)微环谐振腔与波导线切向耦合微结构的显微图片；(b)微环 WGM 激光的波导耦合输出光谱；(c)线环耦合结构构成差分滤波器；(d)、(e)双环耦合微结构的显微图片和输出光谱；(f)打印微环结构作为耦合腔光波导的示意图

6.6　有机微纳激光的发展前景展望

目前所有的有机微纳激光器都是通过光泵浦实现的，而获得电泵浦有机半导体激光器是这一领域的最终目标，因为它不需要外部泵浦光源，而且能实现紧凑、高效低成本激光器，这将大大促进有机微纳激光器的发展及应用[6]。然而，在有机电致发光器件中，注入的电子和空穴会形成单线态激子和三线态激子，其比例为 1∶3。由于三线态激子的吸收截面大于其发射截面，因此理论上来说很难让三线态激子实现受激辐射。同时，三线态激子和单线态激子之间会存在严重的单线态-三线态湮灭，对于单线态的受激辐射也存在致命的影响[80]。为此，参考有机发光二极管（OLED）器件中利用延迟荧光[81]和激基复合物材料[82]来提高三线态激子的利用效率，可能是解决三线态问题的一个方法。Adachi 课题组[83]报道了基于延迟荧光材料体系的光泵浦激光。但该工作指出三线态激子在受激辐射过程中没有起到增益单线态激子发射的目的。Kim 课题组[82]报道了基于激基复合物的材料体系用于实现高效的电致发光器件。由于激基复合物中形成的是电荷转移激发态，因此注入的电子和空穴复合后能在三线态和单线态之间不断转化，从而提高三重态激子的利用效率，进而提高电致发光效率。但是由于所选材料的载流子迁移率较低，很难达到足够高的电流注入密度，仍没有观测到电泵浦激光。

除了解决三重态的问题，开发和利用同时具有高的载流子迁移率和高的发光效率的有机半导体材料对于实现有机电泵浦激光也是非常必要的。Iwasa 课题组[84]利用 α,ω-双（联苯）三噻吩[α,ω-bis（biphenylyl）terthiophene，BP3T]材料制备了双极性有机单晶场效应晶体管。其中 BP3T 单晶相的发光效率超过 80%，其双极迁移率接近 10^0 cm^2/(V·s)量级。当注入的电流密度超过 229 A/cm^2 时，电致发光光谱显示了一个光谱窄化现象。但是其能达到的最高的电流密度仅为 412 A/cm^2，低于其实现粒子数反转的理论阈值电流密度 10.3 kA/cm^2，因此未能在 BP3T 的场效应晶体管器件结构中观测到受激辐射现象。近来，胡文平课题组[85]报道的 2,6-苯基蒽（2,6-diphenylanthracene，DPA）分子，其单晶的空穴迁移率高达 34 cm^2/(V·s)，发光量子效率达到 41.2%。同时由 DPA 制成了发光亮度为 6627 cd/m^2，开启电压为 2.8 V 的蓝光 OLED。随后，他们[86]又合成了 2,6-二（2-萘基）蒽[2,6-di（2-naphthyl）anthracene]分子。由于这种蒽的衍生物在固态下的 J 型堆积模式，能实现其优异的载流子传输性能和高效的固态发光特性之间的平衡。以上这些工作为开发适用于有机电泵浦激光的材料体系提供了一种途径。

如上所述，要实现电泵浦有机激光是十分复杂且艰巨的任务。除了材料的设计以及激发态过程的优化，我们还需要考虑到电致发光器件结构对发光效率的影响。OLED[80]、电化学发光（ECL）[87]、发光电化学池（LEC）[88]、有机场效应晶体管（OLET）[89]都已经证明在某些特定的体系中能实现大的电流注入密度下高效的发光，都可能在电泵浦激光中扮演重要的角色。此外，有机材料的稳定性问题，包括高电流注入密度下的材料稳定性以及对空气的稳定性[6]，也是一个关键。而封装、低温和脉冲电注入等操作可能可以解决稳定性的问题。综上，设计和构筑有效的分子激发态过程、高迁移率增益材料和新的器件结构等，以实现超高光学增益和避免严重的损失，有望加速电泵浦有机激光的实现。

参 考 文 献

[1] Hill M T, Gather M C. Advances in small lasers. Nat Photon, 2014, 8: 908-918.

[2] Ma R-M, Ota S, Li Y, et al. Explosives detection in a lasing plasmon nanocavity. Nat Nanotech, 2014, 9: 600-604.

[3] He L, Ozdemir S K, Zhu J, et al. Detecting single viruses and nanoparticles using whispering gallery microlasers. Nat Nanotech, 2011, 6: 428-432.

[4] Zhang C, Zou C-L, Zhao Y, et al. Organic printed photonics: From microring lasers to integrated circuits. Sci Adv, 2015, 1: e1500257.

[5] Samuel I D W, Namdas E B, Turnbull G A. How to recognize lasing. Nat Photon, 2009, 3: 546-549.

[6] Samuel I D W, Turnbull G A. Organic semiconductor lasers. Chem Rev, 2007, 107: 1272-1295.

[7] Yan R, Gargas D, Yang P. Nanowire photonics. Nat Photon, 2009, 3: 569-576.

[8] Clark J, Lanzani G. Organic photonics for communications. Nat Photon, 2010, 4: 438-446.

[9] Zhang C, Yan Y, Zhao Y S, Yao J. From molecular design and materials construction to organic nanophotonic devices. Acc Chem Res, 2014, 47: 3448-3458.

[10] Gierschner J, Varghese S, Park S Y. Organic single crystal lasers: A materials view. Adv Opt Mater, 2016, 4: 348-364.

[11] Yan Y, Zhao Y S. Organic nanophotonics: From controllable assembly of functional molecules to low-dimensional materials with desired photonic properties. Chem Soc Rev,

2014, 43: 4325-4340.

[12] Fang H-H, Yang J, Feng J, et al. Functional organic single crystals for solid-state laser applications. Laser Photonics Rev, 2014, 8: 687-715.

[13] Grivas C, Pollnau M. Organic solid-state integrated amplifiers and lasers. Laser Photonics Rev, 2012, 6: 419-462.

[14] Brock E G, Csavinszky P, Hormats E, et al. Coherent stimulated emission from organic molecular crystals. J Chem Phys, 1961, 35: 759-760.

[15] Soffer B, McFarland B. Continuously tunable, narrow - band organic dye lasers. Appl Phys Lett, 1967, 10: 266-267.

[16] O'Carroll D, Lieberwirth I, Redmond G. Microcavity effects and optically pumped lasing in single conjugated polymer nanowires. Nat Nanotech, 2007, 2: 180-184.

[17] Kranzelbinder G, Leising G. Organic solid-state lasers. Rep Prog Phys, 2000, 63: 729.

[18] Zhang W, Yao J, Zhao Y S. Organic micro/nanoscale lasers. Acc Chem Res, 2016, 49: 1691-1700.

[19] Li Y J, Yan Y, Zhao Y S, Yao J. Construction of nanowire heterojunctions: Photonic function-oriented nanoarchitectonics. Adv Mater, 2016, 28: 1319-1326.

[20] Ta V D, Chen R, Ma L, et al. Whispering gallery mode microlasers and refractive index sensing based on single polymer fiber. Laser Photonics Rev, 2013, 7: 133-139.

[21] Chen R, Ta V D, Sun H D. Bending-induced bidirectional tuning of whispering gallery mode lasing from flexible polymer fibers. ACS Photon, 2014, 1: 11-16.

[22] Zhang W, Zhao Y S. Organic nanophotonic materials: The relationship between excited-state processes and photonic performances. Chem Commun, 2016, 52: 8906-8917.

[23] Zhao Y S, Xiao D, Yang W, Peng A, Yao J. 2,4,5-Triphenylimidazole nanowires with fluorescence narrowing spectra prepared through the adsorbent-assisted physical vapor deposition method. Chem Mater, 2006, 18: 2302-2306.

[24] Zhao Y S, Xu J, Peng A, et al. Optical waveguide based on crystalline organic microtubes and microrods. Angew Chem Int Ed, 2008, 120: 7411-7415.

[25] Wang X, Li H, Wu Y, et al. Tunable morphology of the self-assembled organic microcrystals for the efficient laser optical resonator by molecular modulation. J Am Chem Soc, 2014, 136: 16602-16608.

[26] Jeukens C R, Lensen M C, Wijnen F J, et al. Polarized absorption and emission of ordered self-assembled porphyrin rings. Nano Lett, 2004, 4: 1401-1406.

[27] Ta V D, Chen R, Sun H D. Self-assembled flexible microlasers. Adv Mater, 2012, 24: OP60-OP64.

[28] Zhao Y S, Wu J, Huang J. Vertical organic nanowire arrays: Controlled synthesis and

chemical sensors. J Am Chem Soc, 2009, 131: 3158-3159.

[29] Zhao Y S, Fu H, Hu F, et al. Tunable emission from binary organic one-dimensional nanomaterials: An alternative approach to white-light emission. Adv Mater, 2008, 20: 79-83.

[30] Takazawa K, Kitahama Y, Kimura Y, Kido G. Optical waveguide self-assembled from organic dye molecules in solution. Nano Lett, 2005, 5: 1293-1296.

[31] Chandrasekhar N, Chandrasekar R. Reversibly shape-shifting organic optical waveguides: Formation of organic nanorings, nanotubes, and nanosheets. Angew Chem Int Ed, 2012, 51: 3556-3561.

[32] Morello G, Moffa M, Girardo S, et al. Optical gain in the near infrared by light-emitting electrospun fibers. Adv Funct Mater, 2014, 24: 5225-5231.

[33] Camposeo A, Di Benedetto F, Stabile R, et al. Laser emission from electrospun polymer nanofibers. Small, 2009, 5: 562-566.

[34] Fu H, Xiao D, Yao J, Yang G. Nanofibers of 1,3-diphenyl-2-pyrazoline induced by cetyltrimethylammonium bromide micelles. Angew Chem Int Ed, 2003, 42: 2883-2886.

[35] Li H, Li J, Qiang L, et al. Single-mode lasing of nanowire self-coupled resonator. Nanoscale, 2013, 5: 6297-6302.

[36] Sun Y L, Hou Z S, Sun S M, et al. Protein-based three-dimensional whispering-gallery-mode micro-lasers with stimulus-responsiveness. Sci Rep, 2015, 5: 12852.

[37] Singh M, Haverinen H M, Dhagat P, Jabbour G E. Inkjet printing-process and its applications. Adv Mater, 2010, 22: 673-685.

[38] Persano L, Camposeo A, Carro P D, et al. Distributed feedback imprinted electrospun fiber lasers. Adv Mater, 2014, 26: 6542-6547.

[39] Zhang C, Zhao Y S, Yao J. Optical waveguides at micro/nanoscale based on functional small organic molecules. Phys Chem Chem Phys, 2011, 13: 9060-9073.

[40] Eaton S W, Fu A, Wong A B, et al. Semiconductor nanowire lasers. Nat Rev Mater, 2016, 1: 16028.

[41] Zhao Y S, Peng A, Fu H, et al. Nanowire waveguides and ultraviolet lasers based on small organic molecules. Adv Mater, 2008, 20: 1661-1665.

[42] Zhao Y S, Di C, Yang W, et al. Photoluminescence and electroluminescence from tris(8-hydroxyquinoline)aluminum nanowires prepared by adsorbent-assisted physical vapor deposition. Adv Funct Mater, 2006, 16: 1985-1991.

[43] Zhao Y S, Zhan P, Kim J, et al. Patterned growth of vertically aligned organic nanowire waveguide arrays. ACS Nano, 2010, 4: 1630-1636.

[44] Wang C, Liu Y, Ji Z, et al. Ir(ppy)$_3$ Phosphorescent microrods and nanowires: Promising micro-phosphors. Chem Mater, 2009, 21: 2840-2845.

[45] Zhang C, Zou C-L, Dong H, et al. Dual-color single-mode lasing in axially coupled organic nanowire resonators. Sci Adv, 2017, 3: e1700225.

[46] Wu C-G, Bein T. Conducting polyaniline filaments in a mesoporous channel host. Science, 1994, 1757-1759.

[47] Zhang C, Zou C-L, Yan Y, et al. Two-photon pumped lasing in single-crystal organic nanowire exciton polariton resonators. J Am Chem Soc, 2011, 133: 7276-7279.

[48] Samitsu S, Takanishi Y, Yamamoto J. Self-assembly and one-dimensional alignment of a conducting polymer nanofiber in a nematic liquid crystal. Macromolecules, 2009, 42: 4366-4368.

[49] Li F, Martens A A, Åslund A, et al. Formation of nanotapes by co-assembly of triblock peptide copolymers and polythiophenes in aqueous solution. Soft Matter, 2009, 5: 1668-1673.

[50] Hu X, Jiang P, Ding C, et al. Picosecond and low-power all-optical switching based on an organic photonic-bandgap microcavity. Nat Photon, 2008, 2: 185-189.

[51] Min B, Ostby E, Sorger V, et al. High-Q surface-plasmon-polariton whispering-gallery microcavity. Nature, 2009, 457: 455-458.

[52] Yang S, Wang Y, Sun H D. Advances and prospects for whispering gallery mode microcavities. Adv Opt Mater, 2015, 3: 1136-1162.

[53] Zhang C, Zou C L, Yan Y, et al. Self-assembled organic crystalline microrings as active whispering-gallery-mode optical resonators. Adv Opt Mater, 2013, 1: 357-361.

[54] Zhang W, Peng L, Liu J, et al. Controlling the cavity structures of two-photon-pumped perovskite microlasers. Adv Mater, 2016, 28: 4040-4046.

[55] Wang X, Liao Q, Kong Q, et al. Whispering-gallery-mode microlaser based on self-assembled organic single-crystalline hexagonal microdisks. Angew Chem Int Ed, 2014, 53: 5863-5867.

[56] Wei C, Liu S-Y, Zou C-L, et al. Controlled self-assembly of organic composite microdisks for efficient output coupling of whispering-gallery-mode lasers. J Am Chem Soc, 2015, 137: 62-65.

[57] Ta V D, Yang S, Wang Y, et al. Multicolor lasing prints. Appl Phys Lett, 2015, 107: 221103.

[58] Kawata S, Hong-Bo S, Tanaka T, Takada K. Finer features for functional microdevices. Nature, 2001, 412: 697.

[59] Zhang Y-L, Chen Q-D, Xia H, Sun H-B. Designable 3D nanofabrication by femtosecond laser direct writing. Nano Today, 2010, 5: 435-448.

[60] Ku J-F, Chen Q-D, Zhang R, Sun H-B. Whispering-gallery-mode microdisk lasers produced by femtosecond laser direct writing. Opt Lett, 2011, 36: 2871-2873.

[61] Ku J-F, Chen Q-D, Ma X-W, et al. Photonic-molecule single-mode laser. IEEE Photonic Tech L, 2015, 27: 1157-1160.

[62] Khan A U, Kasha M. Mechanism of four-level laser action in solution excimer and excited-state proton-transfer cases. P Natl Acad Sci USA, 1983, 80: 1767-1770.

[63] Zhang W, Yan Y, Gu J, et al. Low-threshold wavelength-switchable organic nanowire lasers based on excited-state intramolecular proton transfer. Angew Chem Int Ed, 2015, 54: 7125-7129.

[64] Wei C, Gao M, Hu F, et al. Excimer emission in self-assembled organic spherical microstructures: An effective approach to wavelength switchable microlasers. Adv Opt Mater, 2016, 4: 1009-1014.

[65] Dong H, Wei Y, Zhang W, et al. Broadband tunable microlasers based on controlled intramolecular charge-transfer process in organic supramolecular microcrystals. J Am Chem Soc, 2016, 138: 1118-1121.

[66] Gao H, Fu A, Andrews S C, Yang P. Cleaved-coupled nanowire lasers. P Natl Acad Sci USA, 2013, 110: 865-869.

[67] Yang A, Hoang T B, Dridi M, et al. Real-time tunable lasing from plasmonic nanocavity arrays. Nat Commun, 2015, 6: 6939.

[68] Lv Y, Li Y J, Li J, et al. All-color subwavelength output of organic flexible microlasers. J Am Chem Soc, 2017, 139: 11329-11332.

[69] Yan Y, Zhang C, Zheng J Y, et al. Optical modulation based on direct photon-plasmon coupling in organic/metal nanowire heterojunctions. Adv Mater, 2012, 24: 5681-5686.

[70] Li Y J, Yan Y, Zhang C, et al. Embedded branch-like organic/metal nanowire heterostructures: liquid-phase synthesis, efficient photon-plasmon coupling, and optical signal manipulation. Adv Mater, 2013, 25: 2784-2788.

[71] Vahala K J. Optical microcavities. Nature, 2003, 424: 839-846.

[72] Ward J, Benson O. WGM microresonators: Sensing, lasing and fundamental optics with microspheres. Laser Photonics Rev, 2011, 5: 553-570.

[73] Gao M, Wei C, Lin X, et al. Controlled assembly of organic whispering-gallery-mode microlasers as highly sensitive chemical vapor sensors. Chem Commun, 2017, 53: 3102-3105.

[74] Gather M C, Yun S H. Bio-optimized energy transfer in densely packed fluorescent protein enables near-maximal luminescence and solid-state lasers. Nat Commun, 2014, 5: 5722.

[75] Gather M C, Yun S H. Single-cell biological lasers. Nat Photon, 2011, 5: 406-410.

[76] Humar M, Yun S H. Intracellular microlasers. Nat Photon, 2015, 9: 572-576.

[77] Coles D M, Yang Y, Wang Y, et al. Strong coupling between chlorosomes of photosynthetic bacteria and a confined optical cavity mode. Nat Commun, 2014, 5: 5561.

[78] Fan X, Yun S H. The potential of optofluidic biolasers. Nat Methods, 2014, 11: 141-147.

[79] Wei Y, Lin X, Wei C, et al. Wavelength-tunable microlasers based on the encapsulation of

organic dye in metal-organic frameworks. ACS Nano, 2017, 11: 597-602.

[80] Kuehne A J, Gather M C. Organic lasers: Recent developments on materials, device geometries, and fabrication techniques. Chem Rev, 2016, 116: 12823-12864.

[81] Nakanotani H，Furukawa T，Adachi C. Light amplification in an organic solid-state film with the aid of triplet-to-singlet upconversion. Adv Opt Mater, 2015, 3: 1381-1388.

[82] Park Y S, Lee S, Kim K H, et al. Exciplex-forming Co-host for organic light-emitting diodes with ultimate efficiency. Adv Funct Mater, 2013, 23: 4914-4920.

[83] Nakanotani H, Furukawa T, Hosokai T, et al. Light amplification in molecules exhibiting thermally activated delayed fluorescence. Adv Opt Mater, 2017, 5: 1700051.

[84] Bisri S Z, Takenobu T, Yomogida Y, et al. High mobility and luminescent efficiency in organic single-crystal light-emitting transistors. Adv Funct Mater, 2009, 19: 1728-1735.

[85] Liu J, Zhang H, Dong H, et al. High mobility emissive organic semiconductor. Nat Commun, 2015, 6: 10032.

[86] Li J, Zhou K, Liu J, et al. Aromatic extension at 2,6-positions of anthracene toward an elegant strategy for organic semiconductors with efficient charge transport and strong solid state emission. J Am Chem Soc, 2017, 139:17261-17264.

[87] Horiuchi T, Niwa O, Hatakenaka N. Evidence for laser action driven by electrochemiluminescence. Nature, 1998, 394: 659-661.

[88] Pei Q, Yu G, Zhang C, et al. Polymer light-emitting electrochemical cells. Science, 1995, 269: 1086.

[89] Muccini M. A bright future for organic field-effect transistors. Nat Mater, 2006, 5: 605.

第7章

光功能显示材料

7.1 半导体器件发光机理

半导体器件发光是电致发光，不同于传统的光致发光。电致发光（electroluminescence，EL），目前主流的方式是通过两侧的正负电极，分别注入空穴和电子，空穴和电子经过传输后，在器件的发光材料层内发生复合从而发光的一种物理现象。

电致发光可以从很多方面进行划分，从电流驱动的类型来看，可分为直流电驱动和交流电驱动；从激发态辐射机制看，可分为荧光辐射和磷光辐射机制，以及近几年发展起来的热活化延迟荧光辐射机制。

7.1.1 电荷注入势垒

在半导体发光器件中，空穴和电子的注入问题是影响器件发光效率的一个重要因素。为了实现更好的器件性能，空穴和电子的有效注入都是非常必要的。目前普遍认为就电子注入而言，低功函数的金属适合形成更小的势垒高度，因此一般都使用含有低功函数金属的 Mg/Ag 和 Al/Li 作 EL 器件的阴极。LiF 很早就被发现插在 Alq$_3$ 和阴极 Al 之间时，可以较大程度地降低驱动电压。图 7-1 所示为电极与半导体材料之间的能级势垒。

7.1.2 激子的产生

有机半导体材料中的电子和空穴以库仑力作用形成的电子空穴对即为激子。其中电子位于高能级态，空穴位于低能级态。简单来说，激子就是半导体材料吸收能量（光能、化学能、电能等）后所表现出的一种形式。下面着重介绍电致发光中激子产生的过程。

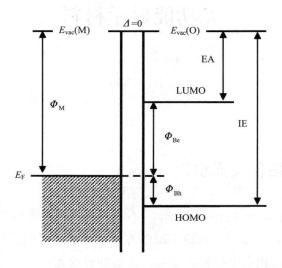

图 7-1 阴极和阳极功函数不同而产生的能级势垒示意图

Φ_{Bh}: 空穴注入势垒；Φ_{Be}: 电子注入势垒；$E_{vac}(O)$ 和 $E_{vac}(M)$: 有机与金属材料的真空能级；IE: 有机材料离子化电位；EA: 有机材料的电子亲和能；Φ_M: 金属功函数；E_F: 金属费米能级；Δ: 偶极势垒

首先在半导体材料的两端施加正负电压，在电压的作用下，将会产生内部电场，在内电场的作用下正极产生的空穴将注入半导体材料的最高占据分子轨道（HOMO）能级，负极产生的电子将注入半导体材料的最低未占分子轨道（LUMO）能级，接下来，半导体材料 HOMO 级上的空穴与 LUMO 能级上的电子便会因为库仑力的存在进行结合，从而形成电子空穴对。经由电致激发产生的激子过程可表示如下：

$$p^+ + n^- + S_0 \longrightarrow S_n^* \rightarrow S_1$$

$$p^+ + n^- + S_0 \longrightarrow T_n^* \rightarrow T_1$$

式中，S_n^* 和 T_n^* 是高振动能级激发态，然后经过内转换过程可以跃迁至最低振动能级激发态。另外，需要强调的是这个表达式只是表示最终的结果，并不意味着同时有一个电子和一个空穴注入半导体材料。经研究表明，在半导体材料中空穴和电子的传输速率并不相同，也就是说一个空穴注入半导体材料的同时可能有两个电子注入进半导体材料，也可能一个电子都没有注入。载流子注入平衡是决定半导体性能的重要条件。

7.1.3 激子运输-能量转移

激发态能量转移可以分为分子内和分子间的能量转移两大类。所谓分子内的能量转移就是分子激发态之间进行的内转换、系间窜越等。分子间的能量转移可以分为辐射能量转移和非辐射能量转移。简单地说就是能量给体的发光被受体吸收，而引起受体的激发。而非辐射的能量转移就比较复杂，它分为长程和短程的能量转移。在这里将主要讨论分子间能量转移过程。

唐本忠等首次报道了发光层的掺杂概念，利用荧光发光材料的掺杂技术提高发光效率和调节光色。发光层中荧光发光材料一般的掺杂浓度在 0.5%～2% 之间，高的掺杂浓度会导致发光材料的聚集和自猝灭效应，导致器件发光效率的减小。此外，发光层中发光材料(客体材料)的能级必须要小于对应的主体材料，这样才能保证最初在主体材料上形成激子的能量能够顺利通过。在主客体掺杂结构的 有机发光二极管(OLED)器件中，有两种方式可以实现客体材料的发光：一种是激子通过电荷的"陷阱态"直接在客体材料上形成；另一种是激子在主体材料上形成，通过能量转移到客体材料上。上述的能量转移过程在有机半导体中是十分常见的，即在 OLED 主客体之间。

荧光共振能量转移，也称福斯特(Förster)能量转移(FRET)，是一个相对较长距离的发生在给体(主体材料)的辐射跃迁偶极子和受体(客体)偶极子之间的偶极子-偶极子相互作用。因此，这个过程要求给体的发射光谱和受体材料的吸收光谱具有一定的重叠。尽管该过程实际上是无辐射的，但是在概念上可以认为由受体吸收了给体的虚拟发射的光子。这种能量转移效率正比于给体和受体之间的偶极-偶极相互作用 $(\mu_D \mu_A)$ 的平方，与它们之间的距离 (R_{DA}) 的六次方成反比，如图 7-2(a)所示。因此，当给体和受体分子之间的距离微量增大时也会导致该能量转移效率的大幅降低。通常，荧光共振能量转移过程发生在 5～10 nm 的范围内。但是这个过程仅仅只能发生在单线态激子之间，因为三线态-三线态能量转移通过偶极-偶极机制是"禁阻"的。

德克斯特(Dexter)能量转移是一种短距离的电子转移过程，该过程需要给体和受体分子保持较小的间距，即给受体分子的间距保持在范德瓦耳斯半径之内，如图 7-2(b)所示，其中能量转移的速率和它们的距离(R_{DA})与范德瓦耳斯半径总和(L)的比例之间呈现指数关系。因此德克斯特能量转移过程有效发生的距离约为 1～2 nm。该过程涉及供体和受体之间的电子交换，也就是说这个过程需要主体分子和客体分子之间有重叠的波函数。将激发的电子转移到受体的 LUMO，电子被回送到供体 HOMO。最终的结果是从给体到受体的能量转移，这种能量转移在单线态和三线态激子都可以发生。如果在电子-空穴复合之前空穴或电子在客体分子中受限形成"陷阱态"，那么激子也可以直接在客体材料中形成。

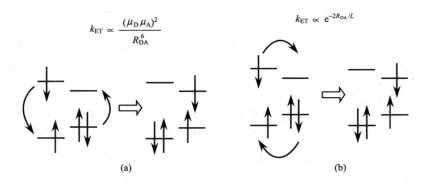

图 7-2　Förster 能量转移(a)和 Dexter 能量转移(b)示意图

7.2　半导体器件发光特点

半导体器件是利用半导体材料特殊电特性来完成特定功能的电子器件，半导体材料的导电性介于良导电体与绝缘体之间，具有产生、控制、接收、变换、放大信号和能量转换的作用。

半导体器件使用的半导体材料有硅、锗或砷化镓等，可用作整流器、振荡器、发光器、放大器、测光器等器件。为了与集成电路区别开来，有时我们也将其称为分立器件。

半导体器件，通常利用不同的半导体材料、采用不同的制备工艺和器件结构。目前已研制出的发光二极管种类繁多、功能用途各异。发光二极管(LED)被称为第四代照明光源或绿色光源，具有节能、环保、寿命长、体积小等特点，广泛应用于各种显示、装饰、背光源、普通照明和城市夜景等领域。我们将发光二极管根据使用功能的不同，可以将其划分为信息显示、信号灯、车用灯具、液晶屏背光源、通用照明五大类。因化学材料性质的不同，又可以分为有机发光二极管(OLED)、无机发光二极管和钙钛矿发光二极管(PeLED)等。

LED 发光原理：发光二极管是由ⅢA～ⅣA 族化合物，如 GaAs(砷化镓)、GaP(磷化镓)、GaAsP(磷砷化镓)等半导体制成的，其核心是 pn 结。因此它具有一般 pn 结的 I-V 特性，即正向导通、反向截止、击穿等特性。此外，在一定条件下，它还具有发光特性。在正向电压下，电子由 n 区注入 p 区，空穴由 p 区注入 n 区。进入对方区域的少数载流子(少子)一部分与多数载流子(多子)复合而发光，如图 7-3 所示。

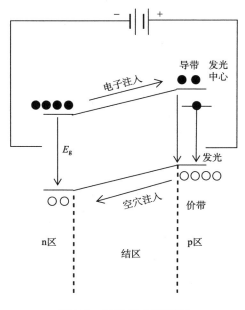

图 7-3　LED 工作原理图

假设发光是在 p 区中发生的，那么注入的电子与价带上面的空穴直接复合而辐射跃迁发光，或者注入的电子先被发光中心捕获后，再与空穴复合发光。除了这种发光复合外，还有些电子被非发光中心(这个中心介于导带、价带中间附近)捕获，而后再与空穴复合，这种复合释放的能量不大，不能形成可见光。发光复合量比例越大，光量子效率越高。由于电子空穴的复合是在少子扩散区内发光的，所以光仅在靠近 pn 结面附近几微米范围产生。

有机发光二极管 (OLED) 可用于高质量的平板显示器和照明应用 (图 7-4)[6-8]。有机发光二极管由于其超高柔韧性、可打印性、超广视角、工作温度范围广、色温韧性、超高分辨率、更好的对比度、更低的功耗、透明轻薄等优势，使它们成为显示行业广受欢迎的器件。另外，OLED 在三维显示方面更为优越，因为其响应速度大约比液晶显示(LCD)快大约 1000 倍。现如今，OLED 在许多便携式和一些非便携式电子产品中已经实现商业化，例如智能手机、智能手表、数码相机、PDA、平板电脑和超高清晰度(UHD)电视等。OLED 也是一种非常有前途的照明技术。在不久的将来，OLED 可能将取代传统的相对耗电更高的白炽灯和荧光灯。因为 OLED 的一些显著特性，如超薄、灵活、大小和形状各异、透明如窗和反射如镜，使 OLED 在照明技术领域更具吸引力[9]。

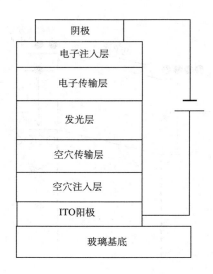

图 7-4 OLED 结构示意图

有机发光层经过不断的尝试和筛选，已经由最初的荧光材料，逐渐变为磷光材料，虽然磷光材料被广泛应用以获得良好的效率值，但由于使用重金属配合物，成本仍居高不下[10,11]，此外，据报道一些具有较长三重态衰减寿命的磷光材料在高电流下的衰减寿命也较长。较长的寿命更容易引发三线态−三线态激子湮灭，导致器件效率滚降严重[12]。当 T_1 的寿命较长，且 S_1 和 T_1 之间的能量差很小时，能够实现反系间窜越的热活化延迟荧光正在发展成为一种有希望的方法[13,14]。在 2009 年，Adachi 等将 TADF 材料应用于 OLED 中，成功获得单线态和三线态激子，同时实现了具有较高荧光强度的 OLED（图 7-5）。

结果表明，在不涉及任何重金属成分的情况下，采用 TADF 材料制备的 OLED 器件可以实现 100%的内量子效率（IQE），从而大幅度提高器件性能。

钙钛矿发光二极管（PeLED）（图 7-6）。魏展画等于 2014 年首次报道了 PeLED 的电致发光。他们通过固态结晶直接在基底上制备钙钛矿薄膜。2014 年文献首次报到了红光（754 nm）EQE=0.76%和绿光（517 nm）EQE=0.1%的 PeLED[15]。之后，Neil C. Greenham 等通过将钙钛矿前体与聚酰亚胺混合，减少了非辐射电流损耗，量子效率提高了一个数量级至 1.2%[16]。近年来，金属卤化物钙钛矿材料因其具有电荷载流子扩散长度长、迁移率高、陷阱密度低等优良的光电性能而引起了人们的极大的科技兴趣。具体来说，它有许多优点，包括成本低、合成简单、解决方案可处理性、带隙可调谐，以及高的光致发光量子产率（PLQY）使钙钛矿在光伏和发光器件（LED）领域具有很好的潜力[17]。

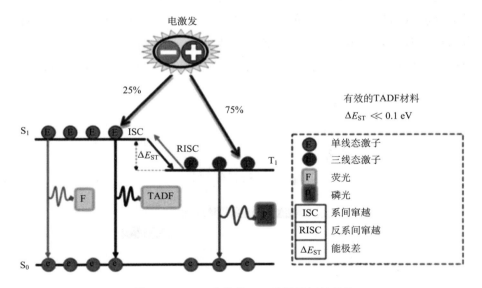

图 7-5　OLED 中的单、三重激子辐射现象

图 7-6 PeLED 结构和发光示意图[18]

7.3 各种显示器件的结构和工作原理

7.3.1 晶体二极管

晶体二极管，简称二极管，是一个由 p 型半导体和 n 型半导体形成的 pn 结，在其界面处两侧形成空间电荷层，并形成自建电场(图 7-7)。当没有外加电压时,由 pn 结两边载流子浓度差引起的扩散电流和自建电场引起的漂移电流相等而处于电平衡状态(图 7-8)。当外界有正向电压偏置时，外界电场和自建电场的互相抵消作用使载流子的扩散电流增加，引起了正向电流。当外界有反向电压偏置时，外界电场和自建电场进一步加强，形成在一定反向电压范围内与反向偏置电压值无关的反向饱和电流 I_0。当外加的反向电压高到一定程度时,

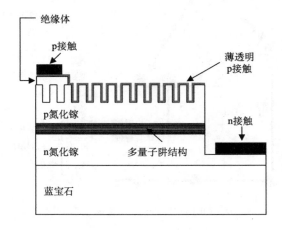

图 7-7 晶体管示意图

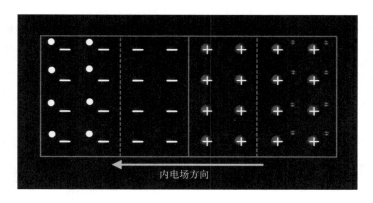

图 7-8 pn 结工作原理图

pn 结空间电荷层中的电场强度达到临界值,产生载流子的倍增过程,产生大量电子空穴对,产生数值很大的反向击穿电流,称为二极管的击穿现象。pn 结的反向击穿有齐纳击穿和雪崩击穿之分。

将晶体二极管(图 7-9)接入应用电路,正端接高电平,负端接低电平,这种连接方式称为正向偏置。如果加在晶体二极管两端的电压很小时,流过晶体二极管的电流非常微弱,晶体二极管也不能导通。只有晶体二极管的正向电压达到一定的数值时,才能导通,这个电压值称为"门槛电压"。采用不同材料制成的晶体二极管的门槛电压也不尽相同,如锗管的门槛电压约为 0.2 V、硅管的门槛电压约为 0.6 V。电路导通后,二极管两端的电压基本上不变。

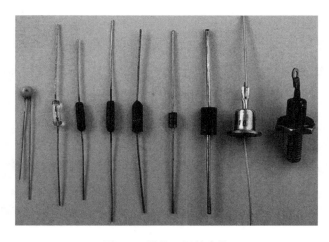

图 7-9 晶体二极管实物

　　而如果将晶体二极管接入应用电路，负端接高电平，正端接低电平，这种连接方式称为反向偏置。反向偏置电路几乎没有电流流过，这时电路中晶体二极管处于截止状态。当然，此时反向偏置电路中晶体二极管中仍会有微弱的电流流过，这种电流称为反向电流或漏电流(图7-10)。

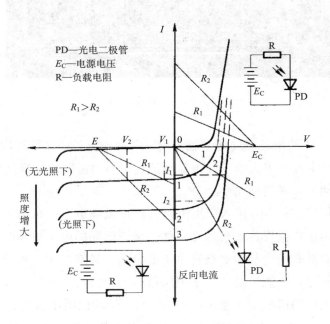

图7-10　二极管伏安特性曲线

7.3.2　半导体激光器

　　半导体激光器，又称激光二极管(图7-11)，是用半导体材料作为工作介质的激光器。第一台镓-砷激光器于1962年问世,在1970年实现室温下连续输出。后来经过改良，开发出双异质接合型激光及条纹型构造的激光二极管等，广泛用于光纤通信、光盘、激光打印机、激光扫描器、激光指示器(激光笔)，是目前生产量最大的激光器。由于物质结构上的差异，不同种类产生激光的具体过程比较特殊。常用工作介质有砷化镓、硫化镉、磷化铟、硫化锌等。激励方式有电注入、电子束激励和光泵浦三种形式。半导体激光器的结构从同质结发展成单异质结、双异质结、量子阱(单、多量子阱)等270余种形式。同质结激光器和单异质结激光器在室温时多为脉冲器件，而双异质结激光器室温时可实现连续工作。

图 7-11　激光二极管实物图(见文末彩图)

　　根据固体的能带理论，半导体材料中电子的能级形成能带。高能量的为导带，低能量的为价带，两带被禁带分开。引入半导体的非平衡电子-空穴对复合时，把释放的能量以发光形式辐射出去，这就是载流子的复合发光。

　　一般所用的半导体材料有两大类，直接带隙材料和间接带隙材料，其中直接带隙半导体材料如砷化镓比间接带隙半导体材料(如硅)有高得多的辐射跃迁概率，发光效率也高得多。

　　半导体复合发光达到受激辐射(即产生激光)的必要条件是：①粒子数反转分布分别从 p 型侧和 n 型侧注入到有源区的载流子密度十分高时，占据导带电子态的电子数超过占据价带电子态的电子数，就形成了粒子数反转分布。②光的谐振腔在半导体激光器中，谐振腔由其两端的镜面组成，称为法布里-珀罗腔。③高增益用以补偿光损耗。谐振腔的光损耗主要是从反射面向外发射的损耗和介质的光吸收(图 7-12)。

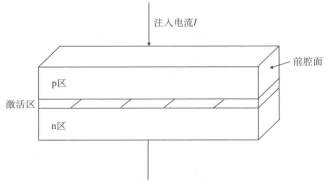

图 7-12　pn 结激光器结构示意图

半导体激光器是依靠注入载流子工作的,发射激光必须具备三个基本条件:

(1)要产生足够的粒子数反转分布,即高能态粒子数足够大于处于低能态的粒子数;

(2)有一个合适的谐振腔能够起到反馈作用,使受激辐射光子增生,从而产生激光振荡;

(3)要满足一定的阈值条件,以使光子增益等于或大于光子的损耗。

半导体激光器工作原理是激励方式,利用半导体物质(即利用电子)在能带间跃迁发光,用半导体晶体的解理面形成两个平行反射镜面作为反射镜,组成谐振腔,使光振荡、反馈,产生光的辐射放大,输出激光。

7.3.3　有机场效应晶体管

有机场效应晶体管(organic field effect transistor,OFET)是一种利用有机半导体组成信道的场效应晶体管(图 7-13)。OFET 的原料分子通常是含有芳环的π电子共轭体系。OFET 的制造工艺有小分子在真空中蒸发、聚合物溶液浇注、将原料单晶剥离至基板等方法。OFET 的应用目标包括低成本、大面积的电子产品和可生物降解电子设备。研究上设计出了有多种构造形式的 OFET,实际应用的器件中最常用的构造是底部栅极、顶部漏极和源极,因为这种构造类似于使用二氧化硅的热生长法作为栅极介电层的薄膜电晶体。有机聚合物,例如聚甲基丙烯酸甲酯也可以被用作电介质。

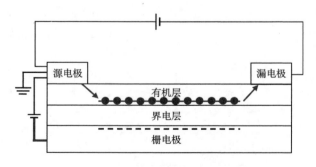

图 7-13　OFET 器件结构图

有机场效应晶体管由三个电极即源(source)极、漏(drain)极、栅(gate)极、有机半导体层和栅绝缘层组成。根据器件的结构,有机场效应晶体管可以分为四类：底栅底接触式、顶栅顶接触式、顶栅底接触式和底栅顶接触式。底栅和顶栅是根据栅极的位置来划分，底栅是栅极沉积在栅绝缘层的下方，顶栅是栅极沉积在有机半导体和绝缘层上方；而顶接触和底接触是根据有机半导体和源漏电极的位置来划分，顶接触是有机半导体先生长在栅绝缘层再进行源漏电极的沉积，而底接触是有机半导体沉积在源漏电极和栅绝缘层。不同的器件结构会引起不同的载流子注入方式和器件性能，比如在底栅底接触中，载流子可以直接从电极边缘注入导电沟道中，而在底栅顶接触中，有机半导体把源漏电极和导电沟道隔开，从电极向导电沟道注入的载流子必须穿过有机半导体层才能到达导电沟道中，这样很有可能会增加接触电阻而导致载流子的注入效率降低，但是这种结构的器件由于电极与有机半导体的接触面积相对较大，在有机半导体层很薄的情况下，接触电阻反而变得很小；另外，由于顶接触是有机半导体材料直接沉积在绝缘层上，膜的质量也比较优质，因此器件的性能比底接触的较好。但是从制作器件的工艺方面考虑，顶接触是源漏电极沉积在有机半导体薄膜上，很可能对有机半导体引起一些负面影响，比如破坏有机半导体的结构等；另一方面，顶接触器件尺寸和集成度不能做到比底接触的小和高，因此，顶接触不宜进行大面积的生产，在一定程度上限制了其实际应用。

有机场效应晶体管在结构上类似一个电容器，源、漏电极和有机半导体薄膜的导电沟道相当于一个极板，栅极相当于另一个极板(图 7-14)。当在栅、源之间加上负电压从 V_{GS} 后，就会在绝缘层附近的半导体层中感应出带正电的空穴，栅极处会积累带负电的电子。此时在源、漏电极之间再加上一个负电压 V_{DS}，就会在源漏电极之间产生电流 I_{DS}。通过调节 V_{GS} 可以调节绝缘层中的电场强度，而随着电场强度的不同，感应电荷的密度也不同。因而，源、漏极之间的导电通道的宽窄也就不同，进而源、漏极之间的电流也就会改变。由此，通过调节绝缘层中的电场强度就可以达到调节源漏极之间电流的目的。保持 V_{DS} 不变，当 V_{GS} 较小时，I_{DS} 很小，称为"关"态；当 V_{GS} 较大时，I_{DS} 达到一个饱和值，称为"开"态。

近年来，随着越来越多高性能有机半导体材料被报道，有机场效应晶体管器件的性能也在不断提升。胡文平等于 2015 年成功使用 2,6-二苯蒽(DPA)分子作为半导体层，实现了使用 OFET 器件驱动及控制有机发光二极管(OLED)(图 7-15)。该材料的单晶迁移率高达 34 cm^2/(V·s)，驱动的 OLED 同样以该材料作为发光层，最大亮度可达 6627 cd /m^2。在这项工作中，研究者首次实现使用同一种有机半导体材料对 OFET 和 OLED 器件进行集成及现阵列化。这项研究为有机半导体材料及有机场效应晶体管在显示领域的应用打开了一扇大门[19]。

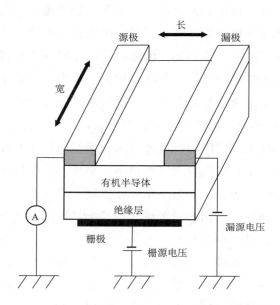

图 7-14 有机场效应晶体管工作原理示意图

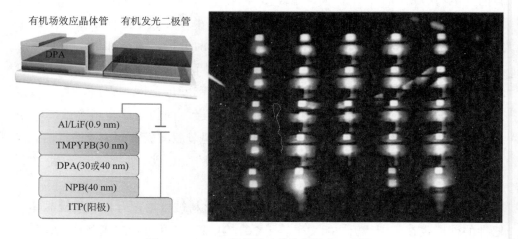

图 7-15 OFET 器件驱动并控制发光二极管

7.3.4 有机电致发光器件

有机电致发光器件(又称有机发光二极管,organic light emitting diode,OLED),属于一种电流型的有机发光器件,是通过载流子的注入和复合而致发光的现象,发光强度与注入的电流成正比。OLED 在电场的作用下,阳极产生的空穴和阴极产生的电子就会发生移动,分别向空穴传输层和电子传输层注入,迁移到发光层。当两者在发光层相遇时,产生能量激子,从而激发发光分子最终产生可见光。

OLED 器件由基底、阴极、阳极、空穴注入层、电子注入层、空穴传输层、电子传输层、电子阻挡层、空穴阻挡层、发光层等部分构成(图 7-16)。其中,基板是整个器件的基础,所有功能层都需要蒸镀到器件的基板上;通常采用玻璃作为器件的基板,但是如果需要制作可弯曲的柔性 OLED 器件,则需要使用其他材料如塑料等作为器件的基板。阳极与器件外加驱动电压的正极相连,阳极中的空穴会在外加驱动电压的驱动下向器件中的发光层移动,阳极需要在器

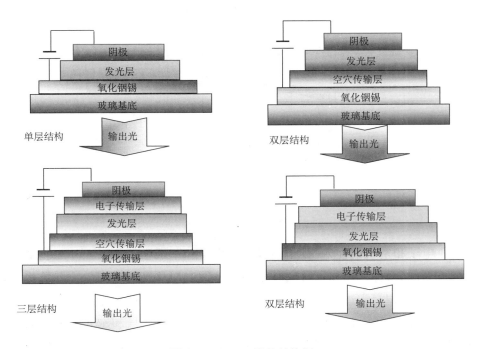

图 7-16 OLED 器件结构图

件工作时具有一定的透光性，使得器件内部发出的光能够被外界观察到；阳极最常使用的材料是氧化铟锡。空穴注入层能够对器件的阳极进行修饰，并可以使来自阳极的空穴顺利地注入到空穴传输层；空穴传输层负责将空穴运输到发光层；电子阻挡层会把来自阴极的电子阻挡在器件的发光层界面处，增大器件发光层界面处电子的浓度；发光层为器件电子和空穴再结合形成激子，然后激子退激发光的地方；空穴阻挡层会将来自阳极的空穴阻挡在器件发光层的界面处，进而提高器件发光层界面处电子和空穴再结合的概率，增大器件的发光效率；电子传输层负责将来自阴极的电子传输到器件的发光层中；电子注入层起对阴极修饰及将电子传输到电子传输层的作用；阴极中的电子会在器件外加驱动电压的驱动下向器件的发光层移动，然后在发光层与来自阳极的空穴进行再结合。

OLED 器件的发光过程可分为：电子和空穴的注入、电子和空穴的传输、电子和空穴的再结合、激子的退激发光(图 7-17)。

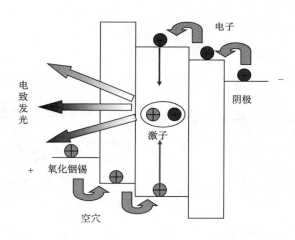

图 7-17　电致发光机理

(1)电子和空穴的注入。处于阴极中的电子和阳极中的空穴在外加驱动电压的驱动下会向器件的发光层移动，在向器件发光层移动的过程中，若器件包含有电子注入层和空穴注入层，则电子和空穴首先需要克服阴极与电子注入层及阳极与空穴注入层之间的能级势垒，然后经由电子注入层和空穴注入层向器件的电子传输层和空穴传输层移动；电子注入层和空穴注入层可增大器件的效率和寿命。关于 OLED 器件电子注入的机制还在不断地研究当中，目前最常使用的机制是穿隧效应和界面偶极机制。

(2) 电子和空穴的传输。在外加驱动电压的驱动下，来自阴极的电子和阳极的空穴会分别移动到器件的电子传输层和空穴传输层，电子传输层和空穴传输层会分别将电子和空穴移动到器件发光层的界面处；与此同时，电子传输层和空穴传输层分别会将来自阳极的空穴和来自阴极的电子阻挡在器件发光层的界面处，使得器件发光层界面处的电子和空穴得以累积。

(3) 电子和空穴的再结合。当器件发光层界面处的电子和空穴达到一定数目时，电子和空穴会进行再结合并在发光层产生激子。

(4) 激子的退激发光。在发光层处产生的激子会使得器件发光层中的有机分子被活化，进而使得有机分子最外层的电子从基态跃迁到激发态，由于处于激发态的电子极其不稳定，其会向基态跃迁，在跃迁的过程中会有能量以光的形式被释放出来，进而实现了器件的发光。

7.4 激光显示器件

激光显示技术是以红、绿、蓝三基色(RGB，三原色)激光为光源的显示技术，其充分利用激光波长可选择性和高光谱亮度的特点，使显示图像具有更大的色域表现空间，可以最真实地再现客观世界丰富、艳丽的色彩，提供更具震撼的表现力。其为黑白显示、彩色显示、数字显示之后的第四代显示技术。值得注意的是，在众多不断发展的显示技术中，激光显示技术是其中的绩优选择[20-22]。

7.4.1 国内外激光显示器件发展现状

近年来激光显示器件得到了蓬勃的发展，国际上的发展概况为：2002 年全世界显示市场销售额约 500 亿美元，预计 2026 年的年销售额将突破 5000 亿美元。正因为如此巨大的市场，当前日、韩、美等国都投入了大量人力物力在开发激光显示技术，意欲争夺下一代显示器件的国际市场。具有代表性的为日本产业界[曾在液晶显示器(liquid crystal display，LCD)、等离子显示板(plasma display panel，PDP)以及数字电视的开发竞赛中占尽先机]将激光显示技术称之为人类视觉史上的革命。此外，激光显示技术受到了各国政府的高度重视，如现在日本政府正以国家的力量加速开发激光显示技术，意欲保持其显示器产业大国的地位。目前国际上具有代表性的研究工作包括日本 Sony 公司、三菱电气公司，韩国三星电子、LG 公司以及美国 Laser Power 公司等。1985 年，在筑波世博会的会场上，Sony 公司用 CRT 排列型布置了高 25 m、长 40 m 的巨型电视墙，引起强烈反响。2005 年爱知世博会上，日本 Sony 公司推出了代表当时最新的激光显示系统——"地球的屋子"。长 50 m，高 10 m，整个球形屏幕实现了无缝拼接。同时在拼接技术基础上，集成出一套单元 6 m^2，总面积 500 m^{2}的激光影院。观众在屏幕上可以看到 30 m 的长须鲸缓缓游动的身姿，这一先进显示技术应用以世博会为契机向世界展示了日本 Sony 公司的最尖端成果；2006 年 2 月，日本三菱电气宣布研制成功激光背投电视，NTSC[National Television Standards Committee，（美国）国家电视标准委员会]色域覆盖率为 135%，对比度为 4000∶1，并建设中试生产线，于 2008 年前后投入生产。在历史上 Sony 公司的彩色电视显示系统、西铁成的精工手表等产品均是借奥运会之契机获得全世界的广泛认同，形成了高科技应用的世纪典范。2013 年年底，美国标准委员会、欧洲标准委员会纷纷有限制地开放标准，高功率激光投影开始合法登场。在沉浸体验效果上，目前激光显示中超大屏幕和可移动两大发展方向的用户体验是否足够震撼和舒适对于普及推广至关重要。同时，激光显示与虚拟现实、增强现实的交互融合程度，对于激光显示成为下一个人机交互的组成部分非常关键。

早在 2006 年，激光显示就被纳入我国战略性新兴产业发展方向(表 7-1)。多年积淀之下，中国企业已在激光光源、光机模组、整机制造和关键器件等方面掌握核心技术，并具备较强的产业配套能力，于画质提升、成本降低等层面屡有突破。2019 年，中国申请和授权的激光显示专利已经超过 7000 项，占全球激光显示专利比例的 50% 以上，中国被选为国际电工委员会电子显示器件技术委员会(IEC-TC110)激光显示工作组的召集国，主导和参与制定了多项 IEC 国际标准。数据整理如表 7-1 所示。

表 7-1　国内外激光显示性能占比表

	蓝光/nm	绿光/nm	红光/nm	NTSC 色域/%	覆盖率/%
中国	440	515	669	253.4	79.2
日本 Sony	457	532	642	214.4	67.0
德国 LDT	446	532	628	209.4	65.4

	蓝光/nm	绿光/nm	红光/nm	NTSC 色域/%	续表 覆盖率/%
美国 LPC	457	532	656	221.7	69.3
美国 Q-peak	449	524	628	215.5	63.7
瑞士 ETH	450	515	603	169.0	54.8

7.4.2　激光显示技术基本原理

与原有的阴极射线管（CRT）、液晶（LCD）和等离子体（PDP）等显示技术相比，激光显示技术在显示系统工艺构成上取得了光源升级换代的重大发明，在色度学方面实现了重大突破[24,25]。由于激光为线谱，色饱和度高，色彩鲜艳；又由于激光谱线丰富，可以选择实现大色域显示，因此激光可显示超过CRT、LCD 和 PDP 两倍以上的色彩，解决显示技术领域长期以来悬而未决的大色域色彩再现的难题[26]。

激光全色显示技术以红、绿、蓝激光为光源，其工作原理如图 7-18 所示：红、绿、蓝三色激光分别经过扩束、匀场、消相干后入射到相对应的光阑上，光阑上加有图像调制信号，经调制后的三色激光由 X 棱镜合色后入射到投影物镜，最后经投影物镜投射到屏幕，得到激光显示图像[27-29]。

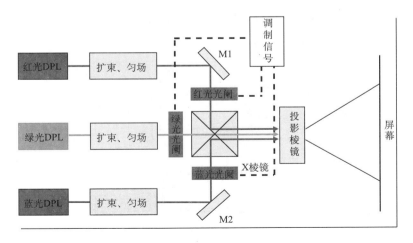

图 7-18　激光全色显示技术工作原理图

激光阴极射线管(laser cathode ray tube, LCRT)是用半导体激光器代替阴极射线显像管的荧光屏来实现显示的一种显示器件。LCRT 实质上就是一个标准的投影用阴极射线管,基本结构如图 7-19 所示。

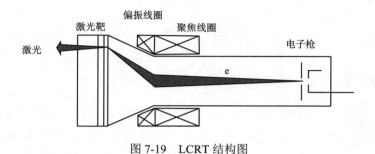

图 7-19　LCRT 结构图

激光光阈显示基本原理是激光束仅用来改变某些材料(如液晶等)的光学参数(折射率或透过率),而再用另外的光源把这种光学参数变化而构成的像投射到屏幕上,从而实现图像显示[30,31]。图 7-20 为激光光阈显示,优点是清晰度极高,它是利用激光束对液晶进行热写入寻址。

数字微镜激光显示技术的核心器件是数字微镜设备芯片,该芯片是一种复杂的光开关器件,包含多达 130 万个铰接安装的微镜,微镜大小约为十几个微米,一个微镜对应一个像素。每一个微镜都具有独立控制光线的能力,视频线号被调制成脉冲信号用于控制数字微镜的转角,进而控制微镜对光线的开关作用,最后在投影屏幕显示相应的图像。

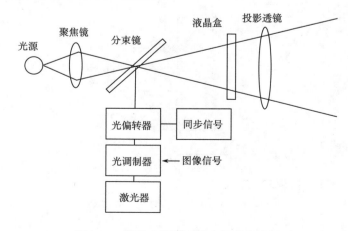

图 7-20　激光光阈显示基本原理光路图

7.4.3　激光显示器件新进展

激光显示具有亮度高、色域宽、寿命长、功耗低、节能、环保等优势，也将成为下一代高端显示的主流，实现高保真超大屏幕显示，也是近年来各大企业的研究热点[32,33]。据中国电影发行放映协会数据显示，2018 年年末我国电影放映厅总数为 60079 家，安装激光电影放映设备 23431 台，占比达 39%。"5G"技术为激光显示也带来了市场机遇，小尺寸、高效率、电池驱动、长航时、虚拟大屏等激光显示技术的特色优势在"5G"应用场景中可更为凸显[34]。此外，激光电视是激光显示在民用市场的代表应用，其在实现百英寸大屏提供更大视野、丰富内容的同时，在观看体验层面也为消费者提供了较为享受、健康护眼的生活方式。激光显示还可以更好地提高用户的体验，能够满足用户大尺寸的需求。中国电子视像行业协会副会长冯晓曦做出预测：2020 年激光电视出货量达到 40.7 万台，2021 年将达到 73.5 万台。这个趋势在当前总体市场需求放缓的大环境里面，无疑是一大亮点。为了做大做强中国激光电视产业，海信等激光电视产业链的 16 家企业共同启动了"曙光行动计划"。"曙光行动计划"是激光电视产业分会成立后第一次对外发布的共同行动计划。中国电子视像行业协会副会长冯晓曦表示，"曙光行动计划"的启动，能够使 16 家会员企业在技术、产品、渠道、服务等多个层面团结合作、集中发声，一改过去单打独斗、孤掌难鸣的困境，彻底打通激光电视上下游全产业链条，共同推动激光电视市场的快速普及。

同时，在国家自然科学基金委、科技部和中国科学院战略先导专项的支持下，中国科学院光化学重点实验室赵永生研究员课题组科研人员近年来一直致力于有机微纳激光材料与器件方面的研究。发展了大面积有机激光阵列的可控加工技术[35]，首次构建了基于红绿蓝有机微纳激光阵列的主动发光激光显示面板[36]。2020 年，研究人员利用水系和油系有机染料溶液的浸润性差异，通过分步喷墨打印技术精准构筑了有机核壳异质结微纳激光器阵列（图 7-21），从而在全可见光谱范围内调谐激光颜色。

在此基础上基于核壳异质结阵列构筑了不同颜色的激光显示面板（图 7-22），显示的色域范围超过标准 RGB 空间的 66%，从而可以表达更丰富的色彩[37]。

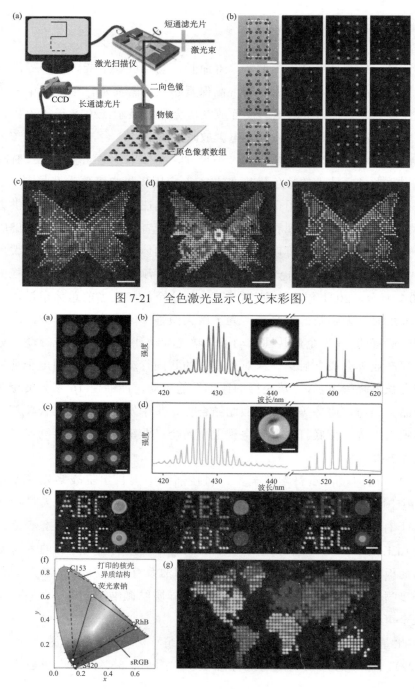

图 7-21　全色激光显示(见文末彩图)

图 7-22　基于有机核壳异质结微纳激光阵列的激光显示(见文末彩图)

RhB：罗丹明 B；S420：stilbene 420(对称二苯代乙烯 420)；C153：coumarin 153(香豆素 153)；sRGB：色域

此外，他们利用浸润性辅助的丝网印刷技术，精准且快速地构建了大面积的微纳激光阵列结构(图 7-23)，并实现了多色的激光出射。利用这种主动发光的激光面板实现了图案的动态显示，用于信息滚动播出，视频播放等。这种印刷法制备的微激光器可以与 LED 的器件结构有效兼容，组成了微型 LED 阵列面板。在制得的面板上，用微电极阵列选择性控制每个像素点的发光，最终实现了电驱动的主动发光显示[38]。

付红兵、孙春霖等研究人员通过优化自组装条件，研制成了具有手性形貌的有机微螺旋结构，发展了手型激光显示器件(图 7-24)[39]。使用微区光谱系统，可以分别对左右手性形貌单根螺旋结构进行系统地光子学表征，发现手性微螺旋具有独特的光子特性，包括依赖于螺旋度的圆偏振发光(CPL)，周期性光波

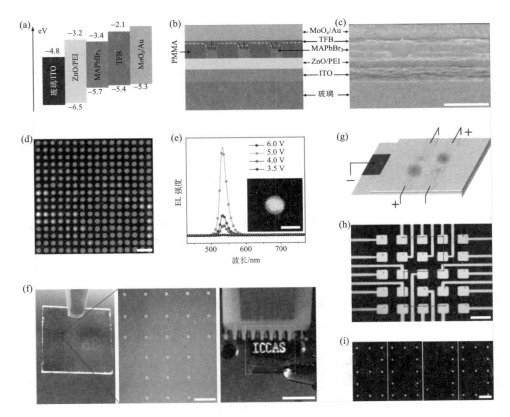

图 7-23 基于浸润性辅助的丝网印刷法制备的微纳激光阵列的电驱动显示(见文末彩图)

ITO：氧化铟锡；PEI：聚醚酰亚胺；MAPbBr$_3$：甲氨基溴化铅；TFB：1,2,4,5-四(三氟甲基)苯；PMMA：聚甲基丙烯酸甲酯

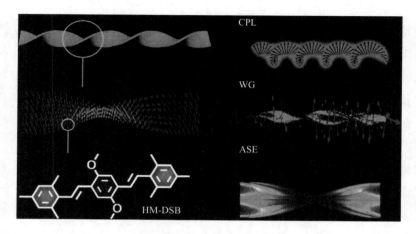

图 7-24　手性激光显示器件的示意图(见文末彩图)

CPL：圆偏振发光；WG：光波导；ASE：放大自发辐射；HM-DSB：一种化合物名称

导和依赖于长度的激射行为。从有机微螺旋线成功观察到激光行为，将手性发光设计理念从研究分子手性扩展到考察有机光子材料的形貌手性，为手性光子学器件提供了新的设计策略。

参 考 文 献

[1] 黄维, 密保秀, 高志强, 等. 有机电子学. 北京: 科学出版社, 2011.

[2] 吴世康, 汪鹏飞. 有机电子学概论. 北京: 化学工业出版社, 2010.

[3] Tang C W, Slyke S V, Chen C H. Temperature coefficient of maintenance potential of glow discharge voltage stabilizer and regulator tubes. J Appl Phys, 1989, 65(9): 3610-3616.

[4] Forster T. 10th Spiers Memorial Lecture. Transfer mechanisms of electronic excitation. Discuss Faraday Soc, 1959, 27: 7-17.

[5] Turro N J. Modern Molecular Photochemistry. Sausalito: University Science Books, 1991.

[6] Adachi C, Baldo M A, Forrest S R, et al. High-efficiency organic electrophosphorescent devices with tris(2-phenylpyridine)iridium doped into electron-transporting materials. Appl Phys Lett, 2000, 77: 904-906.

[7] Forrest S R, Burrows Z, Shen G, et al. The stacked OLED(SOLED): A new type of organic device for achieving high-resolution full-color displays. Synth Met, 1997, 91: 9-13.

[8] Huang Q, Meerheim R, Fehse K, et al. 2nd Generation Organics: High Power Efficiency, Ultra Long Life, and Low-Cost OLED Devices. SID Int Symp Dig Tech Pap, 2007, 38: 1282-1285.

[9] Jou J H, Kumar S, Agrawal A, et al. Approaches for fabricating high efficiency organic light

emitting diodes. J Mater Chem C, 2015, 3: 2974-3002.

[10] Endo A, Sato K, Yoshimura K, et al. Efficient up-conversion of triplet excitons into a singlet state and its application for organic light emitting diodes. Appl Phys Lett, 2011, 98: 083302-3.

[11] Nakagawa T, Ku S Y, Wong K T, et al. Electroluminescence based on thermally activated delayed fluorescence generated by a spirobifluorene donor-acceptor structure. Chem Commun, 2012, 48: 9580-9582.

[12] Baldo M A, Brien D F, You Y, et al. Highly efficient phosphorescent emission from organic electroluminescent devices. Nature, 1998, 395: 151-154.

[13] Zhang Q, Li J, Shizu K, et al. Design of efficient thermally activated delayed fluorescence materials for pure blue organic light emitting diodes. J Am Chem Soc, 2012, 134: 14706-14709.

[14] Tanaka H, Shizu K, Miyazaki H, et al. Efficient green thermally activated delayed fluorescence（TADF）from a phenoxazine-triphenyltriazine（PXZ-TRZ）derivativet. Chem Commun, 2012, 48: 11392-11394.

[15] Tan Z K, Moghaddam R S, Lai M L, et al. Bright light-emitting diodes based on organometal halide perovskite. Nat Nanotechnol, 2014, 9: 687-692.

[16] Li G, Tan Z K, Di D, et al. Efficient light-emitting diodes based on nanocrystalline perovskite in a dielectric polymer matrix. Nano Lett, 2015, 15: 2640-2644.

[17] Peng S M, Wang S S, Zhao D D, et al. Pure bromide-based perovskite nanoplatelets for blue light-emitting diodes . Small Methods, 2019, 3: 1900196.

[18] Lin K B, Xing J, Quan L N, et al. Perovskite light-emitting diodes with external quantum efficiency exceeding 20 percent. Nature, 2018, 562: 245-248.

[19] Liu J, Zhang H T, Dong H L, et al. High mobility emissive organic semiconductor. Nat Commun, 2015, 1: 10032.

[20] 刘才明, 陈洪山, 陈水桥. 智能化激光显示系统的设计与研究. 光电工程, 2004, 3: 25-28.

[21] 郑志华, 朱林泉, 洪志刚, 等. 大屏幕激光显示系统中光纤混色技术的耦合过程分析. 机械管理开发, 2005, 5: 13-14.

[22] 马悦. 面向激光显示的大色域/4 K 超高清视频信号获取方法研究. 广播与电视技术, 2019, 1: 38-43.

[23] 郭大勃, 刘显荣, 刘卫东. 激光显示应用——超短焦激光家庭影院. 信息技术与标准化, 2014, 5: 19-20.

[24] Norcia M A, Thompson J K. A cold-strontium laser in the superradiant crossover regime. Phys Rev X, 2016, 6（1）: 011025.

[25] Akerman N, Navon N, Kotler S, et al. Universal gate-set for trapped-ion qubits using a narrow linewidth diode laser. New J of Phys, 2015, 17（11）: 1-20.

[26] 刘颖帅, 王金城, 于佳, 等. 激光投影显示色彩管理系统. 激光杂志, 2009, 3: 62-63.

[27] 彭毅, 邢廷文, 张雨东, 等. 激光电视实时颜色校正方法研究. 电视技术, 2007, 4: 34-36.

[28] 张岳, 郝丽, 柳华, 等. 基于多元回归方法的激光显示颜色校正. 微计算机信息, 2007, 6: 192-193.

[29] 张继艳, 刘伟奇, 魏忠伦, 等. 全固态激光彩色视频显示技术. 液晶与显示, 2006, 1: 325-328.

[30] Seth C. Metastases and colon cancer tumor growth display divergent responses to modulation of canonical WNT signaling. PLoS ONE, 2017, 11(8): e0150697.

[31] Yang L, Sang X Z, Yu X, et al. Depth-tunable three-dimensional display with interactive light field control. Opt Commun, 2018, 414: 166-172.

[32] Manda R, Pagidi S. Solvation dynamics in methanol: Experimental and molecular dynamics simulation studies. J Mol Liq, 2019, 291: 25-26.

[33] Slanina M, Kratochvil T, Ricny S, et al. Testing QoE in different 3D HDTV technologies. Radioengineering, 2012, 21(1): 445-454.

[34] Choi Y S, Yun J U, Park S E. Flat panel display glass: Current status and future. J Non Cryst Solids, 2016, 431: 2-7.

[35] Zhang C, Zou C L, Zhao Y, et al. Organic printed photonics: From microring lasers to integrated circuits. Sci Adv, 2015, 1: e1500257 - e1500265.

[36] Zhao J Y, Yan Y L, Gao Z H, et al. Full-color laser displays based on organic printed microlaser arrays. Nat Commun, 2019, 10: 870-876.

[37] Wang K, Du Y X, Liang J, et al. Wettability-guided screen printing of perovskite microlaser arrays for current-driven displays. Adv Mater, 2020, 2001999 - 20020007.

[38] Zhou Z H, Zhao J Y, Du Y X, et al. Organic printed core-shell heterostructure arrays: A universal approach to all-color laser display panels. Angew Chem Int Ed, 2020, 59: 11814-11818.

[39] Sun C L, Li J, Song Q W, et al. Lasing from an organic micro-helix. Angew Chem Int Ed, 2020, 59: 11080-11086.

简写对照表

简写	全称	中文
Alq$_3$	tris(8-hydroxyquinoline)aluminum	三(8-羟基喹啉)铝
ASE	amplified spontaneous emission	放大自发辐射
BP3T	α,ω-bis(biphenylyl)terthiophene	α,ω-双(联苯)三噻吩
BPEA	9,10-bis(phenyl-ethynyl)anthracene	9,10-二苯乙炔基蒽
CCD	charge coupled device	电荷耦合器件
DBP	tetraphenyldibenzoperiflanthene	四苯二苄花青素
DBR	distributed Bragg reflection	分布式布拉格反射镜
DCM	4-(dicyanomethylene)-2-methyl-6-(4-dimethylaminostyryl)-4H-pyran	4-(二氰亚甲基)-2-甲基-6-(4-二甲氨基苯乙烯基)-4H-吡喃
DET	Dexter energy transfer	德克斯特能量转移
DFB	distributed feedback	分布式反馈
DFT	density functional theory	密度泛函理论
DPA	2,6-diphenylanthracene	2,6-二苯基蒽
DSB	p-distyrylbenzene	1,4-均二苯乙烯
EL	electroluminescence	电致发光
ESIPT	excited state intramolecular proton transfer	激发态分子内质子转移
F8BT	poly(9,9-dioctylfluorene-alt-benzothiadiazole)	聚(9,9-二辛基芴并苯噻二唑)
FC	Franck-Condon	富兰克-康顿
FFT	fast Fourier transform	快速傅里叶变换
FP	Fabry-Pérot	法布里-珀罗
FRET	Förster energy transfer	福斯特能量转移
HBT	2-(2'-hydroxyphenyl)benzothiazole	2-(2'-羟基苯基)苯并噻唑

HFI	hyperfine interaction	超精细相互作用
HOMO	highest occupied molecular orbital	最高占据分子轨道
ICT	intramolecular charge transfer	分子内电荷转移
LCD	liquid crystal display	液晶显示
LCRT	laser cathode ray tube	激光阴极射线管
LE	locally excited	局域激发
LED	light emitting diode	发光二极管
LUMO	lowest unoccupied molecular orbital	最低未占分子轨道
MEL	magneto-electroluminescence	磁(控)-电致发光
MFE	magnetic field effect	磁场效应
MPL	magneto-photoluminescence	磁(控)-光致发光
OFET	organic field effect transistor	有机场效应晶体管
OLED	organic light emitting diode	有机发光二极管
OLSD	organic laser display	有机激光显示
OSC	organic solar cell	有机太阳电池
OSSL	organic solid-state laser	有机固体激光器
PDP	plasma display panel	等离子显示板
PL	photoluminescence	光致发光
PPV	poly(p-phenylene vinylene)	聚对苯撑乙炔
PS	polystyrene	聚苯乙烯
PWM	pulse width modulation	脉冲宽度调制
RISC	reverse intersystem crossing	反系间窜越
SOC	spin-orbital coupling	自旋-轨道耦合
SPP	surface plasmon polarition	表面等离子激元
TADF	thermally activated delayed fluorescence	热致延迟荧光
TFT-LCD	thin film transistor liquid crystal display	薄膜晶体管液晶显示器
TICT	twisted intramolecular charge transfer	扭曲分子内电荷转移
TPI	2,4,5-triphenylimidazole	2,4,5-三苯基咪唑
TTA	triplet-triplet annihilation	三线态-三线态湮灭
WGM	whispering-gallery-mode	回音壁模式

索　引

彩　图

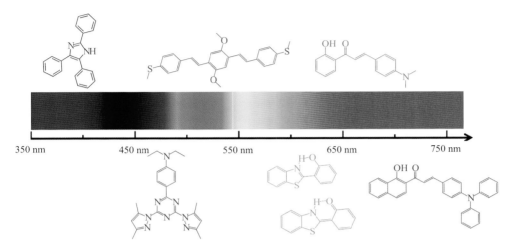

图 3-5　在宽光谱范围构建微型激光器的一些分子结构示例

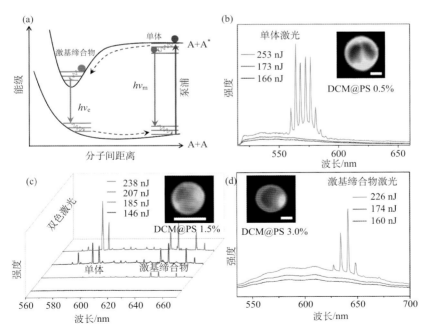

图 3-12　(a)有机激基缔合物和单体的激发态过程；(b)～(d)单体和掺杂了不同浓度(质量分数)DCM 染料的聚苯乙烯微球中激基缔合物的波长可切换激光发射(插图中比例尺为 5μm)

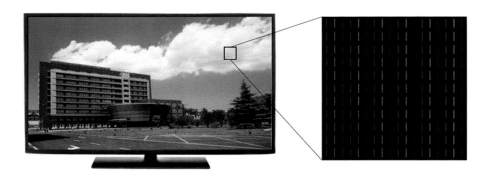

图 3-16　含有多色微型激光器阵列的激光显示面板示意图

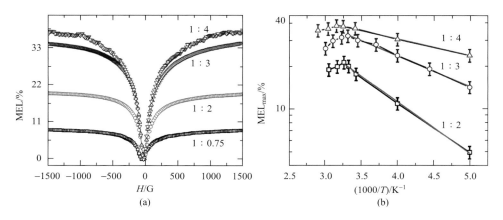

(a)

(b)

图 4-7　基于 D-A 混合物的 OLED 中的磁场效应，其中 D∶A 比例由 1∶0.75 逐渐变化为 1∶4

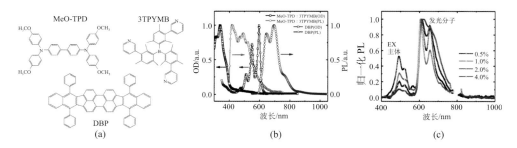

(a)　　　　　　　　　　(b)　　　　　　　　　(c)

图 4-9　　(a) MeO-TPD、3TPYMB 以及 DBP 的分子结构；(b) MeO-TPD∶3TPYMB 主体材料和
DBP 分子的吸收光谱和光致发光光谱；(c) 掺有不同浓度 DBP 的 MeO-TPD∶3TPYMB(1∶4)
的归一化光致发光光谱

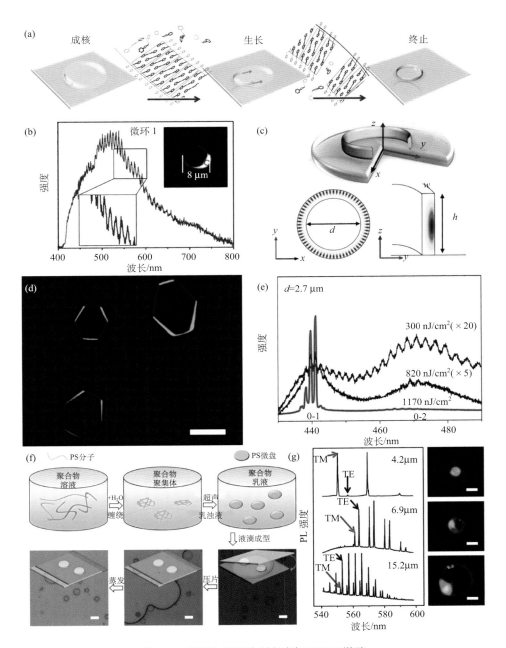

图 6-6　溶液自组装法制备有机 WGM 微腔

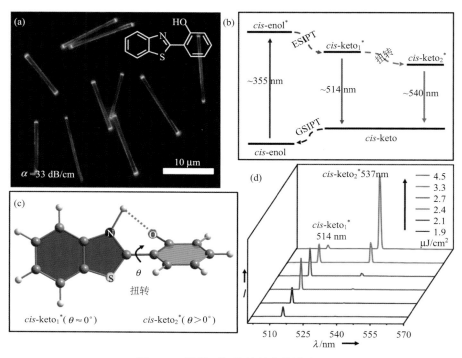

图 6-10　波长可切换的纳米线激光器

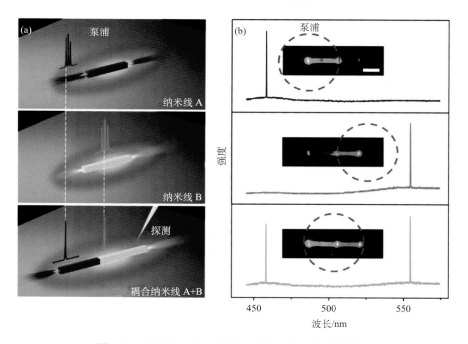

图 6-13　轴向耦合的纳米线异质结实现双色单模激光

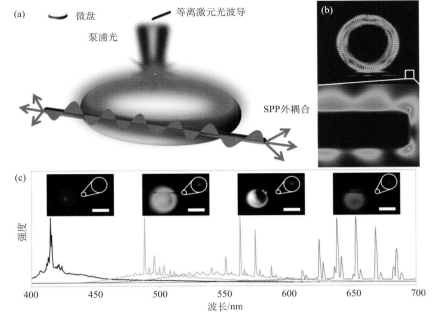

图 6-14　全色激光的亚波长输出

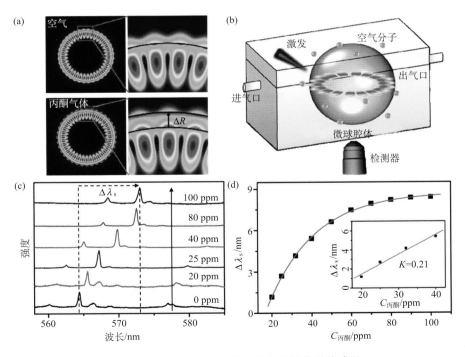

图 6-15　基于有机 WGM 激光的高灵敏化学传感器

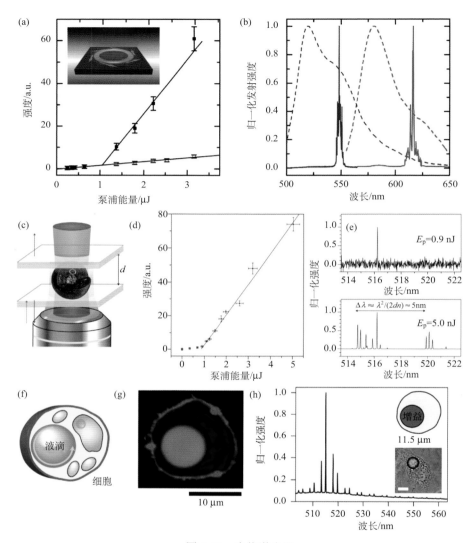

图 6-16 生物激光器

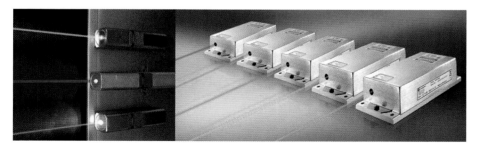

图 7-11 激光二极管实物图

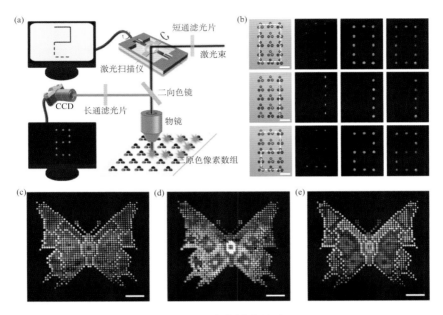

图 7-21 全色激光显示

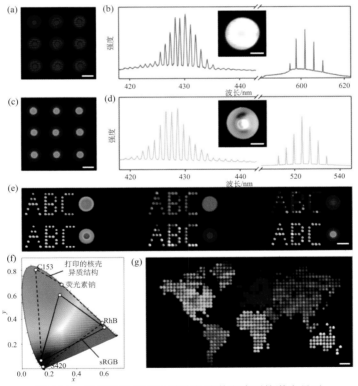

图 7-22 基于有机核壳异质结微纳激光阵列的激光显示

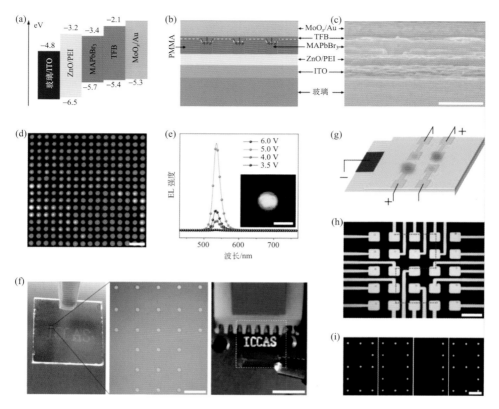

图 7-23 基于浸润性辅助的丝网印刷法制备的微纳激光阵列的电驱动显示

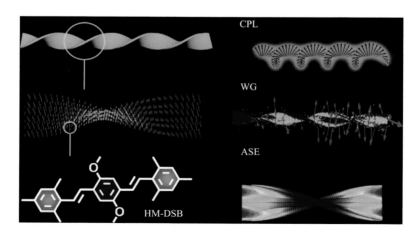

图 7-24 手性激光显示器件的示意图